AF193432

IMSV013PO

EL SONIDO EN DIRECTO

IMSV013PO

EL SONIDO EN DIRECTO

Julián Zafra

La ley prohíbe
fotocopiar este libro

IMSV013PO - EL SONIDO EN DIRECTO
Thema: TTA Ingeniería acústica y del sonido.
Bisac: COM055030
© Julián Zafra
© De la edición: Ra-Ma 2024

Editado por:
RA-MA Editorial
Calle Jarama, 3A, Polígono Industrial Igarsa
28860 PARACUELLOS DE JARAMA, Madrid
Teléfono: 91 658 42 80
Fax: 91 662 81 39
Correo electrónico: info@grupoeditorialrama.com
Internet: www.ra-ma.es y www.ra-ma.com
ISBN impreso: 978-84-1018-131-1
Depósito legal: M-3989-2024
Maquetación: Antonio García Tomé
Diseño de portada: Antonio García Tomé
Filmación e impresión: Safekat
Impreso en España en febrero de 2024

ÍNDICE

ACERCA DEL AUTOR

Julián Zafra es un ingeniero de sonido de Barcelona, y escritor de algunos libros, artículos y reseñas sobre el mundo del audio profesional. Desde muy temprana edad, la música formó parte de su vida, estando esta muy presente en el ámbito familiar de su hogar. Este comenzó desde muy joven a tocar la guitarra eléctrica en diversas formaciones musicales. Su hermano mayor fue guitarrista en varias bandas de rock de principios de los 80, como los Yunques y los Monstruos.

A finales de los 90, y tras haber finalizado la formación académica como ingeniero de grabación, pone en marcha su primer estudio de grabación, iniciando así una primera etapa freelance con grabaciones y mezclas en diferentes discos, producciones de artistas de hip-hop, R&B, hardcore y rock sinfónico, entre otros estilos. Pero la cada vez más pronunciada decadencia de la industria discográfica a finales de los 90 y la escasa actividad en las grabaciones de estudio dan lugar a su incursión en el mundo de los directos, haciéndolo a través de varias empresas del sector y combinando giras junto a diversas formaciones y bandas a lo largo de la península desde el año 1999 al 2002. También, durante un tiempo, estuvo trabajando en diversas convenciones en hoteles de lujo de Barcelona, Catalunya y resto de península, así como en algunas cavas de Catalunya.

Durante 2002-2005 residió cuatro años en Dublín, Irlanda, ejerciendo durante un tiempo como técnico de radio en Anna Livia FM, en la Universidad Griffith Collage de Dublín, así como haciendo algunas sonorizaciones de directos por el país celta. Desde el 2007 al 2016, durante prácticamente una década, ejerció como técnico fijo y residente en actuaciones de flamenco y jazz en la Sala Tarantos/Jamboree de Barcelona, combinando esto con ser técnico de sonido en diferentes conciertos y festivales a lo largo de todo el panorama nacional. Trabajando para un gran numero de artistas tanto nacionales como internacionales. Con todo ello, siempre y paralelamente grabando y mezclando discos como ingeniero de sonido freelance, tanto en su estudio de grabación privado como en diferentes estudios, así como obras de teatro, giras y directos con diferentes formaciones de jazz, flamenco, fusión, rock, pop, world music, pasando por world music, flamenco, fusión, música clásica, raíz, funk, o el blues, entre algunos de los diversos géneros en los que ha trabajado.

En el año 2018 publica bajo la editorial Ra-Ma su primer libro "Ingeniería del sonido", el cual es una lectura recomendada y de referencia para cualquier profesional o aficionado en el mundo del audio profesional. En el año 2019 se publicó "Mezcla en el audio profesional". Esta vez una obra específica sobre el mundo de la mezcla en el audio.

En el año 2023 se publica "Masterización en el Audio, Teoria, Metodología y Praxis". Obra sobre mundo de la masterización de audio.

Algunos artículos y menciones publicados sobre el autor

▶ **Earthworks High Definition Microphones**

   https://www.facebook.com/earthworksaudio/photos/pcb.1015623054 0489116/101562305378 34116/?type=3

▶ **Tannoy and Lab Gruppen**

   https://www.installation-international.com/technology/barcelona-club-jazzed-tannoy-vx

▶ **Revista de audio Estado Unidense Tape Op Magazine**

   https://tapeop.com/reviews/gear/137/mezcla-en-el-audio-professional-book/

▶ **Artículos/revisiones para fabricantes de equipos de estudio de grabación**

https://simpleway.audio/Review-Simple-Way-J1.-Español.-Por-Julian-Zafra.pdf

https://instalia.eu/resena-del-preamplificador-kahayan-de-microfono-linea-instrumento/

http://audioforo.com/wp-content/uploads/2019/03/Kahayan-Solid-4000-Mix-Buss-Processor.pdf

https://instalia.eu/sumador-de-32-canales-psilon-32-500-de-kahayan/

https://hifireference.com/reviews/kahayan-8x4-midi-amp-speaker-selector-review/?fbclid=Iw AR0LJQJirJOwoj7ftT0ZO4hpyXFNa3JO6AYfEzrRzr8K4GTy6SGCHSBaukA

▰ **Colaboraciones en artículos publicados en prensa y medios de comunicación**

El Confidencial
EL DIARIO DE LOS LECTORES INFLUYENTES

https://www.elconfidencial.com/tecnologia/2019-11-30/efecto-tunel-misterio-cascos-cancelacion-ruido-molestias_2358708/

▰ **Nominaciones premios de la música**

- Candidato a Mejor técnico de sonido de la XV Edición de los Premios de la Música.
  http://www.premiosdelamusica.com/descargas/pdf_candidatos.php?id_edicion=25&ano=2011&numero=15&id_categoria=25&categoria=Mejor+T%E9cnico+de+Sonido%20

- Candidato a Mejor álbum de pop alternativo de la XV Edición de los Premios de la Música.
  http://www.premiosdelamusica.com/descargas/pdf_candidatos.php?id_edicion=25&ano=2011&numero=15&id_categoria=6&categoria=Mejor+%C1lbum+de+Pop+Alternativo

▰ **Premios Canarios de la Música, nominados en 2018**
https://www.premioscanariosdelamusica.com/nominados

▰ **Créditos**
Discogs: https://www.discogs.com/es/artist/6137568-Julian-Zafra

▰ **Libros publicados acerca del mundo del audio profesional**

Ingeniería de sonido
https://www.ra-ma.es/autores/ZAFRA-JULIAN/

Mezcla en el audio prpfesional
https://www.ra-ma.es/libro/mezcla-en-el-audio-profesional_102885/

Masterización en el audio, teoría, metodología y praxis.
https://www.ra-ma.es/libro/masterizacion-en-el-audio_145490/

Guía básica de sonido. Sistemas de directo.
https://www.afial.net/guia-basica-de-sonido/

AGRADECIMIENTOS

Quisiera agradecer esta publicación a todos aquellos colegas de gremio, los cuales han colaborado de manera totalmente desinteresada, aportando su experiencia y opiniones acerca del mundo de la masterización. Dejando una invaluable fuente de información al servicio educativo e informativo al mundo del audio profesional. También quiero agradecer a la editorial Ra-Ma su labor y trabajo en la divulgación educativa mediante sus publicaciones y su extenso catálogo de obras de los distintos autores. Agradecer a los distintos fabricantes de equipos de audio, los cuales han querido contribuir y ofrecer soporte y apoyo en esta publicación. A mi familia, amigos y por supuesto a todos los colegas profesionales del sector, los cuales diariamente contribuyen a que el extenso mundo del audio profesional tenga más que asegurada la custodia en cuanto a la evolución del sector.

1

ORÍGENES E HISTORIA DE LOS SISTEMAS DE SONIDO

La primera forma de altavoz surgió cuando se desarrollaron los sistemas telefónicos a fines del siglo XIX. Pero fue en 1912 que los altavoces realmente se volvieron prácticos, debido en parte a la amplificación electrónica de válvulas. En la década de 1920, se usaban en radios, fonógrafos, sistemas de megafonía, sistemas de sonido de teatro y en proyecciones de películas de cine hablado. En cuanto a la teoría y principios de la acústica/sonido realmente esto no ha cambiado mucho desde que John William publicase "La teoría del sonido" en 1877.

1.1 ¿QUÉ ES UN ALTAVOZ?

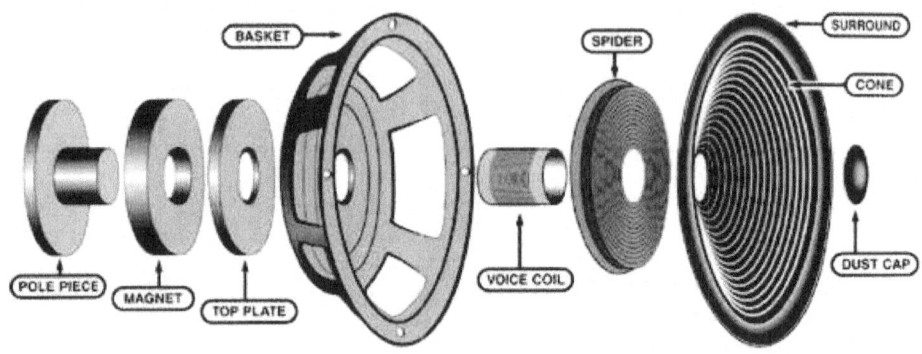

Un altavoz es un transductor electroacústico el cual convierte una señal eléctrica de audio a un correspondiente sonido. El tipo de altavoz más común hoy en día es el altavoz dinámico. Este fue inventado en 1925 por Edward W. Kellogg y Chester W. Rice.

Edward W. Kellogg   Chester W. Rice

El altavoz dinámico funciona con el mismo principio básico que un micrófono dinámico, excepto a la inversa para producir sonido a partir de una señal eléctrica. Altavoces de reducidas dimensiones se encuentran en muchos aparatos en la actualidad, desde radios y televisores hasta reproductores de audio portátiles, ordenadores e instrumentos musicales electrónicos.

Los sistemas de altavoces más grandes se utilizan para música, refuerzo de sonido en teatros y conciertos, así como en sistemas de megafonía en diversos recintos.

1.2 SISTEMAS PIONEROS DE PA

PA es la abreviación del término anglosajón "Public Address" el cual refleja las aplicaciones más comunes en los sistemas de PA como pueden ser las estaciones de tren, los estadios de deportes, pabellones, hospitales, aeropuertos, hoteles etc.

Hasta finales del siglo XIX, todas las formas de "PA" se realizaban mediante acústica arquitectónica, ya que no existía por entonces una alternativa viable para mejorar la comprensión del habla.

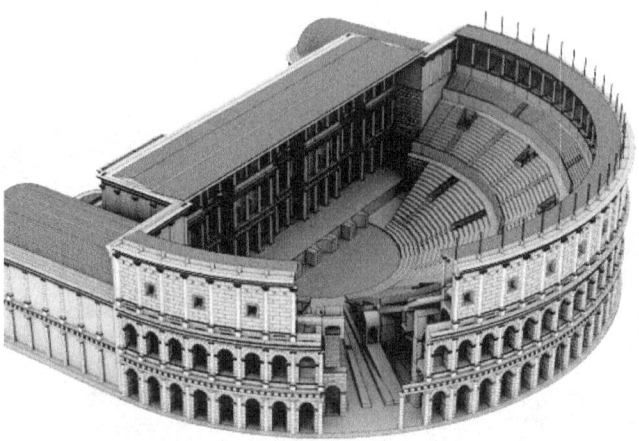

Sin embargo, el primer paso para cambiar por completo la forma en que las personas perciben el sonido llegó en 1875, cuando el inventor y profesor de música británico-estadounidense David Edward Hughes inventó el micrófono de carbono.

Un par de décadas más tarde, el físico británico Oliver Lodge inventó el primer altavoz de bobina móvil experimental del mundo. Conocido como el "teléfono vibrador", este invento contenía las mismas características básicas que los altavoces de hoy día: un diafragma vibrado por una bobina de voz, cuyo sonido era amplificado por una bocina.

Oliver Lodge junto a su sistema pionero de altavoz.

Años más tarde, en 1906 el inventor estadounidense Lee DeForest inventó el Audion, el primer dispositivo capaz de amplificar una señal eléctrica. Esta amplificación fue posible gracias a los tres electrodos del dispositivo, los cuales se componían de un filamento calentado, una rejilla y una placa.

Lee DeForest

Alrededor de 1911, los ingenieros Americanos Edwin Jensen y Peter Pridham desarrollan el "Magnavox" El primer sistema de megafonía eléctrico del mundo utilizado para amplificar el habla.

Este se basó de un altavoz dinámico de bobina móvil que presentaba una bobina móvil de una pulgada, un diafragma corrugado de tres pulgadas y una bocina de 34 pulgadas. Otro pionero clave en los sistemas de PA fue la compañía británica de telecomunicaciones Marconi. A lo largo de la década de 1920, Marconi fabricó un gran volumen de sistemas de megafonía de audio para satisfacer las crecientes demandas de este mercado emergente. Alrededor de 1925 el Rey George V utilizó un PA Marconi para dirigirse a 90,000 personas durante la exposición del Imperio Británico en Wembley. En 1926 Guy R Fountain crea Tannoy, incorporando sistemas de altavoces "Dual Concentric" (el tweeter es colocado detrás del centro del transductor de medios o graves) en todos sus modelos a partir de 1940 otorgando una gran reputación en el sonido mediante una gran precisión, claridad que los hizo extremadamente populares en las industrias de grabación y transmisión para monitorear audio.

Guy R Fountain

Tannoy también suministró sistemas de PA a las fuerzas armadas durante la segunda guerra mundial. Distinguidos por sus diseños coaxiales, Tannoy fue la creadora de los sistemas de "True Point Source", y es en la actualidad, la compañía de altavoces más antigua del mundo.

 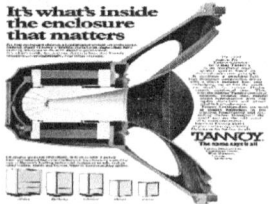

Tannoy Westminster Royal SE   Anuncio de Tannoy en 1976

Por 1934 el ingeniero eléctrico inglés Paul Voigt crea un solo altavoz el cual cubre todo el rango de frecuencias mediante el uso de un crossover mecánico.

 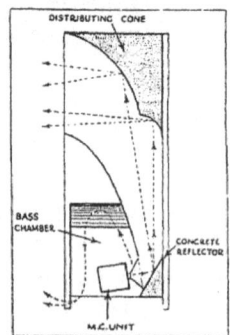

Paul Voigt   Diseño del altavoz de Voigt

El sistema de megafonía sufrió una rápida reconstrucción y desarrollo durante la Segunda Guerra Mundial, debido a una mayor expectativa de métodos más eficientes de comunicación amplificada. Los amplificadores se volvieron tan grandes que utilizaron válvulas transmisoras de radio para alimentar la salida a los altavoces.

Sobre el año 1946 el ingeniero Paul W. Klipsch diseña en Indiana lo que iba a ser otro avance en innovación en los sistemas de altavoces. Un recinto acústico de bocina altamente eficiente mediante divisiones internas.

Klipsch MCM, diseñado para touring y cines

Sin embargo, los sistemas comerciales de PA aún no se habían puesto de moda. Hasta la década de 1950, los niveles de salida de dichos sistemas no superaron los 25 vatios. Fue el advenimiento de la guitarra eléctrica y la música rock 'n' roll lo que provocó un aumento en los niveles de amplificación. De repente, los músicos tocaban en vivo usando amplificadores de válvulas de 50-100W, empujando los sistemas de PA hacia la distorsión para lograr el sonido que querían.

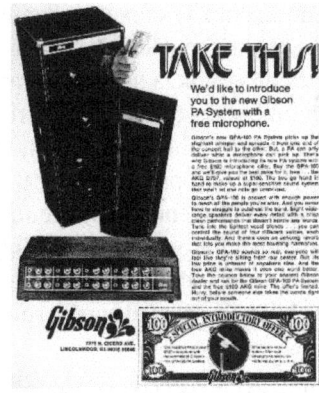

Antiguo sistema de PA de RCA   Sistema de sonido de la marca Gibson

En la década de 1960, las bandas de sonido en vivo llevaban en las giras sus propios sistemas de megafonía, aunque estos eran sistemas relativamente pequeños y la mayoría de las bandas todavía confiaban en los sistemas de PA del lugar en el que actuaban. Un momento decisivo en la historia de los sistemas de sonido llegó en agosto de 1965, cuando la archiconocida banda musical "The Beatles" actuó en el Shea Stadium de Nueva York.

The Beatles en su actuación en el Shea Stadium de N.Y.

Para dicho evento se contaron con cuatro amplificadores Altec 1570, cada uno con 175W de sonido, los cuales se distribuyeron alrededor del estadio. En ese momento, dichos niveles de potencia de salida eran prácticamente desconocidos para un concierto en vivo. Sin embargo, dicha idea no resultó según lo planeado, ya que la multitud de 42.000 fans gritando "ahogó" por completo los sistemas de megafonía que se emplearon. Se estima que el ruido proveniente de la multitud fue de 135 decibelios (dB), más del doble de la salida proveniente del equipo de sonido de "The Beatles". Un año después, "The Beatles" decidieron no volver a salir de gira, por lo que, en muchos sentidos, este concierto puede verse como un verdadero desastre de la música en vivo. Sin embargo, este fue un catalizador para el cambio que iba a suceder un poco más tarde en los sistemas de sonido.

Bob Heil creó alrededor de 1966 Heil Sound, el cual creó sistemas de sonido en giras para bandas como The Grateful Dead y The Who o Joe Walsh entre algunos de los artistas que giraron con sus sistemas de sonido.

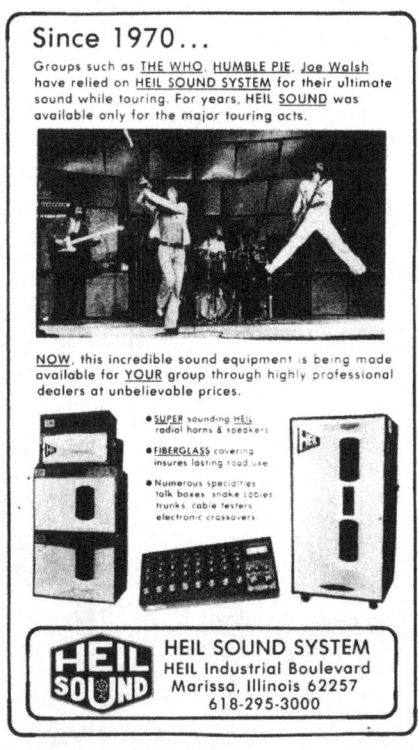

The Who y un sistema de PA Heil Sound

En 1967, la compañía Shure desarrolló el VA300-S, el cual consistía en unas columnas de altavoces altamente direccionales con una línea de radiación de amplio rango, a pesar de que estas no fueron demasiado populares por aquella época.

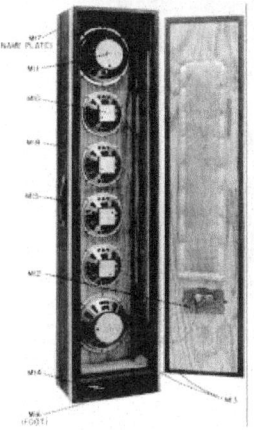 

Sistema Shure VA300-S

Si las bandas iban a tocar en vivo, necesitaban un sistema de sonido más grande y potente para (literal y figurativamente) destacarse entre la multitud y hacer de sus conciertos una experiencia memorable. Como se mencionó anteriormente, la actuación de The Beatles en el Shea Stadium dejó poco que desear y las bandas confiaron en gran medida en los obsoletos sistemas de PA que ofrecían en los lugares donde se actuaba. El ingeniero de audio británico Charlie Watkins definía de esta manera los antiguos sistemas de sonido: "Eran horribles, ¡tremendamente horribles! Por lo general, era un equipo viejo y pésimo con altavoces de cono duro de 12 pulgadas con cajas repartidas. Watkins seguía sin pensar el "¿por qué pasó tanto tiempo? ". Charlie Watkins está etiquetado como el "padre británico de PA" y fue periférico en la redefinición de la producción de música en vivo. Fue él quien defendió la disposición del ruteo de señal desde el mezclador al amplificador de potencia y de este hacia el altavoz. Algo lo cual es el principio que todavía figura en la mayoría de los sistemas de megafonía contemporáneos.

29 de agosto de 1970, 3er festival anual de la Isla de Wight, Sistema de PA de "The Who" y vista detallada de tres mezcladores WEM Audiomaster empleados para el multitudinario evento

Algunos de los sistemas de audio desarrollados por Watkins bajo WEM (Watkins Electric Music)

En los años 70´s, fue la década en la que se creó la amplificación de sonido moderna. En febrero de 1970, el ingeniero de sonido estadounidense Bob Hall construyó un sistema de sonido para la banda de rock The Grateful Dead, para la actuación en el Fox Theatre de Missouri, Estados Unidos. El resultado fue un sistema de 20,000 W que rompió récords mundiales y aportó algunos avances desde el "teléfono vibrador" de Oliver Lodg. En 1.974 en San Francisco, Augustus Owsley "Bear" Stanley III, el renombrado químico y visionario del audio, el cual, mediante el LSD, había estado financiando a los Dead y grabando la banda en vivo desde algunos de sus primeros shows, diseñó una configuración donde posicionaba a la banda y al público para escuchar lo mismo, permitiendo al mismo tiempo eliminar la retroalimentación (acople), el resultado de una señal de salida dirigida (realimentada) a una entrada. Bear imaginó a la banda y al público experimentando lo mismo. Esto cerraría la brecha entre el artista y la audiencia, quienes escucharían exactamente la misma mezcla horizontalmente desde una línea de fondo unificada "como si todos estuvieran tocando acústicamente". A día de hoy el sistema "The Wall of sound" sigue siendo el sistema de audio más perfecto en cuanto a la teoría de lo que vendría ser una homogeneidad, sinceridad y cobertura acorde al posicionamiento y la interacción del sonido entre los músicos en un escenario y el público.

El sistema "The Wall of sound" de los Grateful Dead

Otro de los fabricantes de sistemas de PA fue la compañía Altec, la cual, aparte de diseñar altavoces para los estudios de grabación, también desarrolló algunos sistemas para grandes eventos en directo para festivales como Woodstock o Monterrey.

Bill Hanley en el control FOH durante el festival de Woodstock en 1969

La capacidad de los altavoces continuó desarrollándose en los años 80 y 90, con un creciente número de fabricantes de audio que se mudaron al mercado de conciertos para aprovechar esta tendencia. Entre ellos se encontraba el fabricante estadounidense Easter Acoustic Works (EAW), que se hizo famoso al desarrollar el sistema de altavoces KF580 en 1985. Un sistema de rango completo triamplificado por 3 vías en un recinto trapezoidal.

Dicho sistema fue el punto de referencia para el sonido en vivo durante muchos años. Hasta el día de hoy, está incluido en más especificaciones técnicas para presentaciones en vivo que cualquier otro altavoz.

EAW KF580

En 1.992 en Francia, el doctor Christian Heil y su equipo de ingenieros de sonido mediante el fabricante L-Acoustics revolucionaron la producción de sistemas de sonido modernos, al desarrollar su sistema de fuente lineal dv-DOSC.

Este sistema superó las interferencias causadas por altavoces estrechamente alineados y ayudó a impulsar el sonido mediante una energía adicional, con una respuesta de frecuencia más uniforme. Sin ninguna pretensión más que la de cubrir sus necesidades, y con la idea de fabricar un sistema puntero a escala nacional, Heil desarrolló lo que fue el primer sistema de sonido de fuente lineal y todo un referente mundial para el desarrollo de grandes sistemas de PA en los diseños de "line array", siguiendo este los pasos de los diseños de sistemas pioneros de "True Point Source" de fabricantes como Tannoy los cuales eran destinados a los estudios de grabación.

Los line array son en gran medida un producto de la era de los ordenadores y hoy en día, casi todos los fabricantes profesionales de altavoces de audio adoptan el modelo line array como diseño y fabricación de sus principales sistemas de audio. Heil es ampliamente reconocido como el "padre de los line array modernos".

L-Acoustics dv-DOSC

Digamos que desde el diseño de Heil por 1992, los diseños en los altavoces prácticamente no han sufrido unos cambios sustanciales en sus diseños, ya que, a parte de los materiales de los componentes internos, así como el de los propios recintos acústicos, es poco lo que queda por inventar. Ha habido tal vez un centenar de pequeños cambios durante las últimas décadas, pero la mayoría son cosméticos. Los principios de los sistemas se han mantenido básicamente sin cambios.

Es mediante los procesos digitales de la señal donde en la actualidad se están diseñando relevantes e innovadores sistemas complejos de sonido. El Anya de EAW es un ejemplo de lo que es un sistema basado en DSP el cual posee un rendimiento que se puede llegar a adaptar al medio físico y acústico sin la necesidad de angular cada una de las cajas del sistema, siendo mediante un proceso digital donde se realiza su directividad, así como los pertinentes arreglos de los conjuntos.

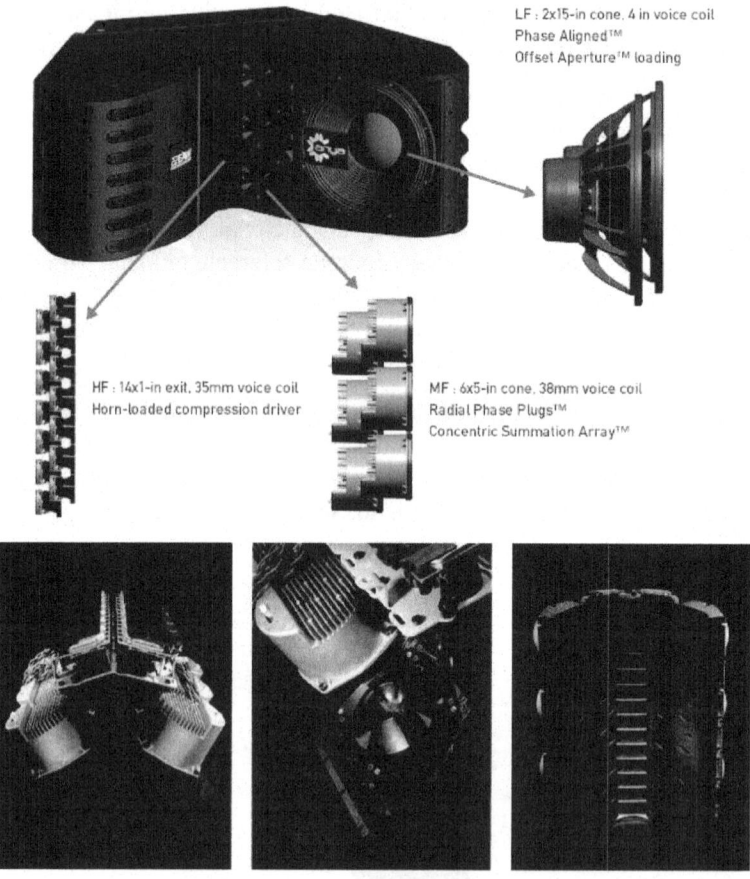

Sistema Anya de la compañía EAW

2

¿QUÉ ES EL SONIDO?

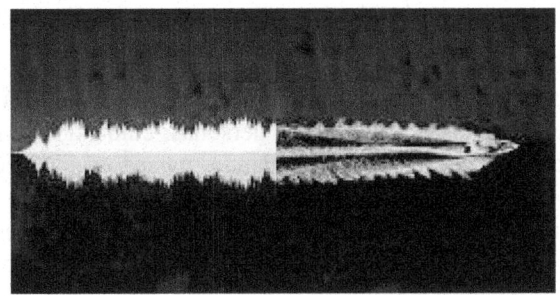

2.1 DEFINICIÓN

Este vendría a ser como un fenómeno físico al movimiento de aire que puede emitir una fuente emisora, generando esta una serie de ondas de presión sonora que, al llegar a nuestro oído, las percibimos como sonido.

Para medir la velocidad/ciclos de onda se utiliza la unida de Hertz (1 ciclo x segundo), de esta manera, la longitud de onda será la estipulada por la frecuencia de esta. Para medir la intensidad o volumen de presión (SPL) se utiliza el decibelio. Esta es una medida logarítmica y se emplea para medir la ganancia o atenuación de una señal.

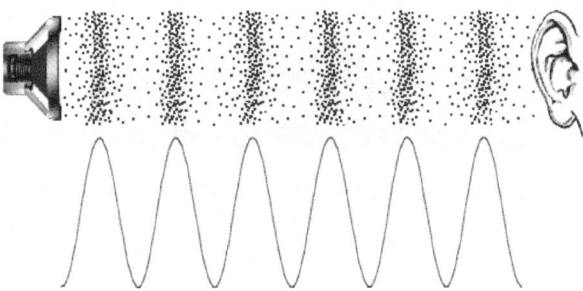

El espectro humano tiene un rango auditivo que va desde los 20Hz a los 20kHz, siendo justo al nacer donde alcanzamos el máximo potencial del sentido auditivo. Con los años, este va menguando, sufriendo un proceso de paulatina degradación, especialmente afectando a las altas frecuencias, proceso conocido también como presbiacusia.

La degradación auditiva es un factor presente y pronunciado en edades adultas, pero existen otros factores, los cuales pueden afectar a la aceleración de la pérdida auditiva. Una exposición y prolongación a altos volúmenes de presión sonora en un trabajo durante mucho tiempo son factores que podrían acelerar sumamente la degradación de la capacidad auditiva. El límite de nivel de presión sonora para el oído esta sobre los 130db, siendo este el umbral de dolor y donde se sufrirían ya molestias en este. Una perdida súbita e inmediata por medios mecánicos en el oído medio, se produciría a unos niveles algo mayores. Una larga exposición a niveles superiores a los 130db podría producirnos una irreparable y permanente pérdida de audición, así como otros posibles daños de gravedad.

Por lo tanto, es por nuestro propio interés y como por el de los demás, el no contribuir a la degradación en la salud auditiva de las personas, cuidando los niveles y valores de los volúmenes con los que estamos trabajando, ya sea en los directos como en el estudio de grabación. Por suerte o para algunos quizás no tanta, ya se está comenzando a controlar por parte de las instituciones públicas, los niveles de presión sonora a los que se está trabajando en los diferentes recintos, tanto los interiores como exteriores, mediante el uso de limitadores controlados por los propios ayuntamientos e instituciones gubernamentales. De igual manera, comienza también a haber un cambio de consciencia entre muchos de los profesionales del sector.

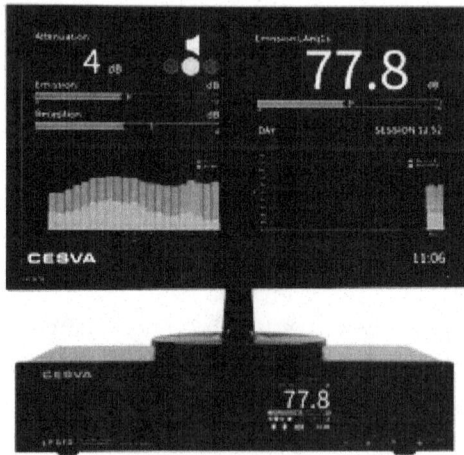

Limitador registrador de nivel sonoro CESVA LF010

3

PRINCIPIOS BÁSICOS DEL SONIDO

Vamos a repasar algunos de los más elementales principios físicos del sonido. Ya que estos son necesarios para poder entender el comportamiento de todo sistema de audio, indiferentemente de la escala, medio o lugar donde vamos a realizar nuestras sonorizaciones.

3.1 LA NATURALEZA DEL SONIDO

"El sonido son vibraciones longitudinales en un medio envolvente (aire, agua, hierro, etc.), las cuales son transmitidas a un objeto vibrante el cual cuando se comunica al cerebro por el oído, este produce la sensación de la escucha".

El rango de escucha de un ser humano oscila entre debajo de las 10 vibraciones por segundo (10Hz) hasta por encima de las 18.000 vibraciones por segundo (18KHz). El valor de las vibraciones del sonido es la frecuencia del sonido, la cual es normalmente expresada en términos de ciclos por segundo. El sonido es una transferencia de energía desde una molécula hasta una molécula de un medio. Desde una fuente hasta el receptor.

3.2 DECIBELIO

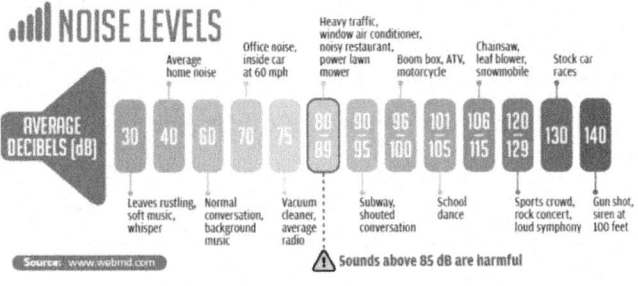

El decibelio equivale a una décima parte de un bel, una unidad de medida que lleva el nombre de Alexander Graham Bell, que se utilizó por primera vez en telecomunicaciones, La pérdida de señal es una función logarítmica de la longitud del cable. Su conveniente base logarítmica lo convirtió en una unidad conveniente por la cual una gran cantidad de las medidas están representadas. Sin embargo, siempre requiere un punto de referencia. Por lo tanto, agregamos una letra después de la designación "dB". Estos son algunos de los valores de referencia de voltaje de señal más empleados en el mundo del audio:

De esta ecuación, aprendemos que, si un nivel de presión sonora es el doble que otro, esto significa que es 6 dB mayor; los humanos percibimos los valores de SPL subjetivamente, pero como por lo tanto como regla general, un sonido que es 6 dB más alto en nivel se percibe como el doble de alto en volumen sonoro.

3.2.1 ¿Cuantos db al doblar la potencia?

La duplicación del factor (el doble del factor) significa:

▸ Para el nivel de volumen: +10 dB,
▸ Para el nivel de presión acústica: +6 dB SPL y para el nivel de tensión eléctrica: +6 dB,
▸ Para el nivel de intensidad del sonido: +3 dB y para el nivel de potencia (energía): +3 dB

10 dB SPL más significa que el amplificador necesita 10 veces más potencia.

3.3 OTRAS UNIDADES DE MEDICIÓN DE NIVEL DE SONIDO

▸ **dBu:** Un punto de referencia de voltaje. Originalmente designado como dBv. El punto de referencia es 0.775Vrms. Utiliza una ecuación de 20 logs (ver abajo, "dB SPL").

▸ **dBV:** Un punto de referencia de voltaje diferente. El punto de referencia es 1.000V rms.

▸ **dBm:** Un punto de referencia de potencia eléctrica, referenciado a 1 mW en una carga de 600 ohmios.

▸ **dBW:** Un punto de referencia de potencia eléctrica, referenciado a 1W.

▸ **dBr:** Un nivel de referencia arbitrario, que debe especificarse mucho.

▸ **dBFS:** Una referencia de voltaje utilizada al especificar convertidores de audio digital; "FS" significa "Escala completa", que se refiere al nivel de voltaje máximo posible antes de la sobrecarga digital del convertidor.

▸ **dBPWL:** Un punto de referencia de potencia acústica, raramente utilizado.

▼ **dBSPL:** un punto de referencia de presión acústica, de uso frecuente. La presión acústica se mide por unidad de área en una ubicación determinada; medido en dinas por cm^2, o Newtons por m^2. Sin embargo, se utiliza una ecuación de 20 log:

▼ dB SPL = 20 log (p1 / p0), donde p0 es un valor absoluto 0.0002 dinas / cm^2, o 0.000002 Newtons / m^2.

3.4 ATENUACIÓN DEL NIVEL DE PRESIÓN SONORA

Cuando un sonido es emitido desde una fuente de sonido (fuente de sonido puntual) el sonido se esparce sobre un espacio en forma de esfera, por lo que (onda de superficie esférica) el nivel de presión sonora será inversamente proporcional al cuadrado de la distancia. En otras palabras, cada vez que se duplica la distancia el nivel de presión sonora es atenuado en -6 dB.

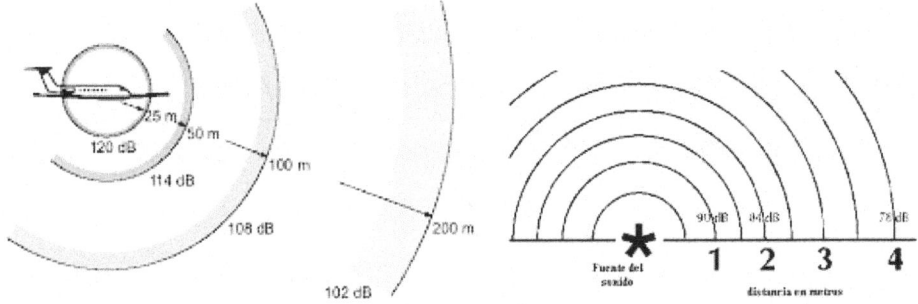

Al duplicar la distancia se produce una pérdida de -6db

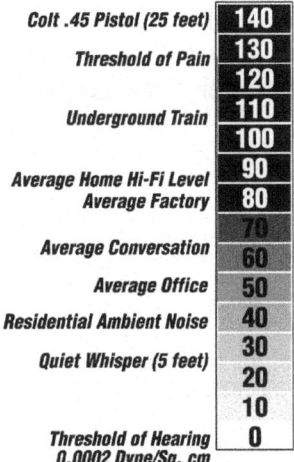

dbSPL Table

Algunos ejemplos exponenciales de presión sonora

3.5 AMPLITUD (A)

La amplitud es la fluctuación o desplazamiento de una onda desde su valor medio. Con las ondas de sonido, es la medida en que las partículas de aire se desplazan, y esta amplitud de sonido se experimenta como el volumen del sonido. Las compresiones y rarefacciones de ondas sonoras viajan por el canal auditivo y hacen vibrar el tímpano. Existe una fuerza neta en el tímpano, ya que las presiones de la onda sonora difieren de la presión atmosférica que se encuentra detrás del tímpano. Un mecanismo complicado convierte las vibraciones en impulsos nerviosos, que luego son interpretados por el cerebro.

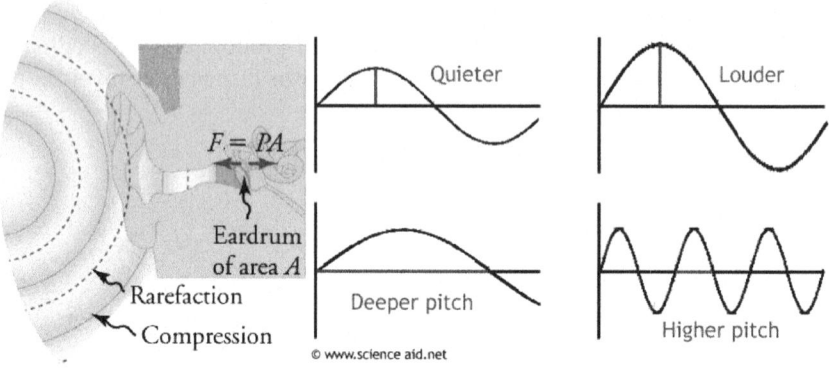

3.6 PERIODO (T)

Es el tiempo que toma un ciclo de una oscilación completa. El período de una onda es el tiempo que transcurre entre la llegada de dos crestas consecutivas (los picos o valles) en una determinada ubicación X. Esta definición es idéntica a la afirmación de que el período es el tiempo que la vibración en X tarda en pasar de la cresta a otra. El período de una onda se da en segundos.

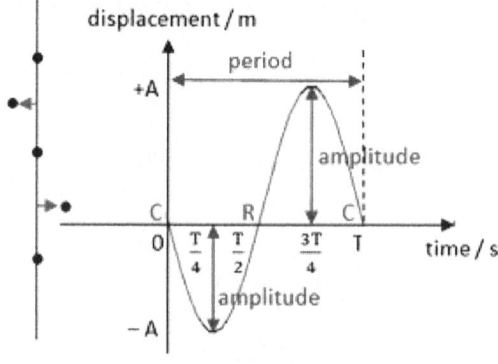

Periodo = 1 + Frecuencia

3.7 LONGITUD DE ONDA (λ)

La longitud de onda es la distancia desde un punto de una onda a un punto similar de la misma onda; es decir, de cresta a cresta, y desde el punto central a valle. En definitiva, la amplitud de una onda es el valor máximo, tanto positivo como negativo, que puede llegar a adquirir la onda sinusoide.

▶ El valor máximo positivo que toma la amplitud de una onda sinusoidal recibe el nombre de "pico o cresta".

▶ El valor máximo negativo, "vientre o valle".

▶ El punto donde el valor de la onda se anula al pasar del valor positivo al negativo, o viceversa, se conoce como "nodo", "cero" o "punto de equilibrio".

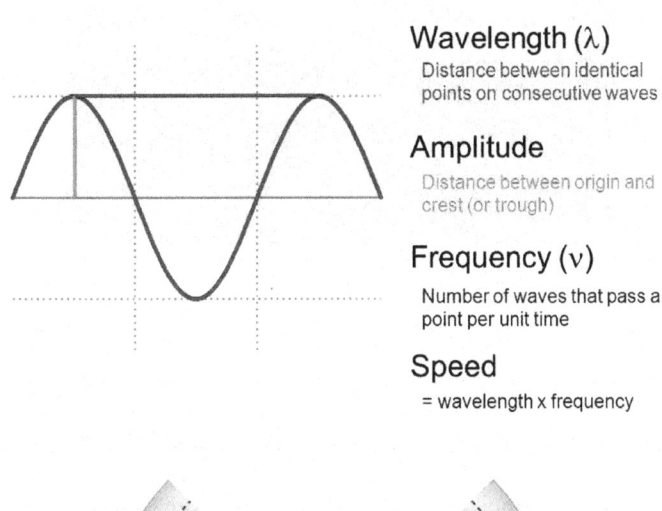

Wavelength (λ)
Distance between identical points on consecutive waves

Amplitude
Distance between origin and crest (or trough)

Frequency (v)
Number of waves that pass a point per unit time

Speed
= wavelength x frequency

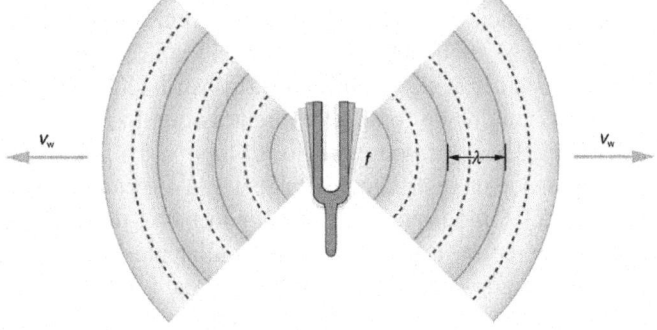

3.8 VELOCIDAD

La velocidad de onda en el uso común se refiere a la velocidad en si, aunque, correctamente, la velocidad implica tanto la velocidad como la dirección. La velocidad de una onda es igual al producto de su longitud de onda y frecuencia (número de vibraciones por segundo) y es independiente de su intensidad.

La luz viaja más rápidamente que el sonido

Cuando los fuegos artificiales explotan en el cielo, la energía de la luz se percibe antes que la energía del sonido. Por lo tanto, el sonido viaja más lentamente que la velocidad de la luz. El destello de una explosión se ve mucho antes de que se escuche su sonido, lo que implica que el sonido viaja a una velocidad finita y que es mucho más lento que la luz. También se puede detectar directamente la frecuencia de un sonido. La percepción de la frecuencia se llama tono. La longitud de onda del sonido no se detecta directamente, pero se encuentra como evidencia indirecta en la correlación del tamaño de los instrumentos musicales y su tono. Los instrumentos pequeños, como un piccolo, suelen producir sonidos de tono alto, mientras que los instrumentos grandes, como la tuba, suelen emitir sonidos de tono bajo. El tono alto significa una longitud de onda pequeña, y el tamaño de un instrumento musical está directamente relacionado con las longitudes de onda del sonido que produce. Por lo tanto, un instrumento pequeño crea sonidos de onda más corta. Bajo ese mismo similar argumento, sostiene que un instrumento grande crea sonidos de longitud de onda larga. La relación de la velocidad del sonido, su frecuencia y longitud de onda es la misma para todas las ondas.

Longitud de onda

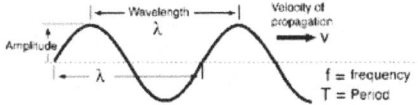

Las ondas sonoras viajan a través del aire a la velocidad de 1130 ftJsec (344 m / seg) a nivel del mar a una temperatura estándar día (que es 59 grados Farenheit o 15 grados centígrados). La velocidad del sonido es independiente de la frecuencia. La distancia física cubierta por uno ciclo completo de una frecuencia dada el sonido a medida que pasa por el aire se llama la longitud de onda. La longitud de onda es expresada por la ecuación:

$$\text{Longitud de onda} = \frac{\textit{Velocidad del sonido}}{\text{Frecuencia}}$$

Table Of Select Frequency Wavelengths

Frequency (ISO centers)	Wavelength (in feet)*	Pitch (to closest whole tone)**
25 Hz	44.8	G0
27.5 Hz	40.59	A0 (lowest piano note)
40 Hz	28.3	E1 (lowest note of 4-string bass)
63 Hz	17.9	B1
80 Hz	14.2	E2 (lowest note of guitar)
100 Hz	11.3	G2
160 Hz	7.1	E3
200 Hz	5.65	G3 (lowest note of violin)
250 Hz	4.48	B3
400 Hz	2.83	G4
500 Hz	2.25	B4
800 Hz	1.42	G5#
1 kHz	1.13	B5
1.25 kHz	0.89	D6#
2 kHz	0.56	B6
2.5 kHz	0.46	D7#
3.2 kHz	0.36	G7
5 kHz	0.22	D8#
6.4 kHz	0.18	G8/G8#
8 kHz	0.14	B8
10 kHz	0.11	D9#
20 kHz	0.055	D10#

* The speed of sound varies as a function of temperature; therefore wavelengths also vary. This chart is based on 20 degrees C.

**Musical notes are rounded to the nearest whole tone and are not intended to be precise.

Tabla de longitudes de onda según su frecuencia y tono en la escala musical

Tono/Timbre (Pitch)

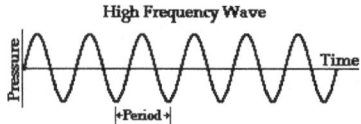

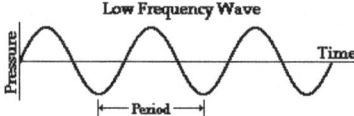

En acústica, este viene a ser un sonido que puede reconocerse por su regularidad de vibración. Un tono simple tiene una sola frecuencia (fundamental), aunque su intensidad puede variar. Un tono complejo consta de dos o más tonos simples, llamados armónicos. El tono de frecuencia más baja se llama fundamental; los otros, connotaciones. Una combinación de tonos armónicos es agradable de escuchar y, por lo tanto, se llama tono musical.

Volumen

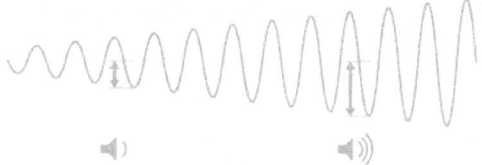

El volumen es una sensación producida en el ser humano. Está relacionado con una cantidad medible mediante una intensidad de onda. La intensidad de una onda depende de la amplitud de esta. Se define matemáticamente de la siguiente manera:

Intensidad: $I (w / m^2) = (W / m^2)$, donde W es potencia, en vatios, y m^2 es área, en metros cuadrados.

3.9 FRECUENCIA (F)

En términos matemáticos, la frecuencia viene a ser la cantidad de ciclos vibratorios completos de un medio por una cantidad de tiempo dada. La frecuencia y el período son cantidades claramente diferentes, pero relacionadas entre si. La frecuencia se refiere a la frecuencia con la que ocurre algo. El período se refiere al tiempo que tarda algo en suceder. Por lo tanto, la frecuencia es una cantidad de velocidad, mientras que el período es una cantidad de tiempo. La frecuencia es los ciclos / segundo. El período es el segundo / ciclo. Como un ejemplo de la distinción y la relación de la frecuencia y el período, imaginaros a un pájaro carpintero que se encuentra picando sobre un árbol a una velocidad periódica. Si el pájaro carpintero pica sobre un árbol 2 veces en un segundo, en este caso la frecuencia sería de 2Hz. Cada picoteo debe durar medio segundo, por lo que el período es de 0,5 s.

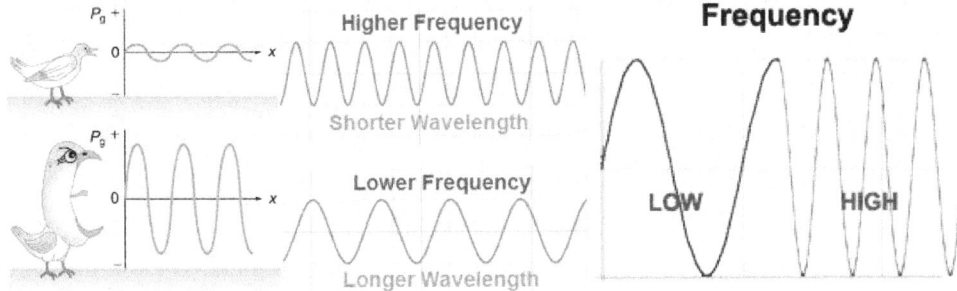

Comúnmente, las diferentes bandas del espectro se suelen sectorizar en seis secciones, estas son las que contribuyen a definir la tesitura del sonido. Cada instrumento, ruido o sonido posee su singular rango de frecuencia en el espectro del audio.

Espectro del sonido

Un espectro de sonido muestra las diferentes frecuencias presentes en un sonido. La mayoría de los sonidos están formados por una complicada mezcla de vibraciones. Un espectro de sonido es una representación de un sonido, generalmente una muestra corta de un sonido, en términos de la cantidad de vibración en cada frecuencia individual. Generalmente se presenta como un gráfico de potencia o presión en función de la frecuencia. La potencia o presión generalmente se mide en decibelios y la frecuencia se mide en vibraciones por segundo (o hercios, abreviatura Hz) o miles de vibraciones por segundo (kilohercios, abreviatura kHz).

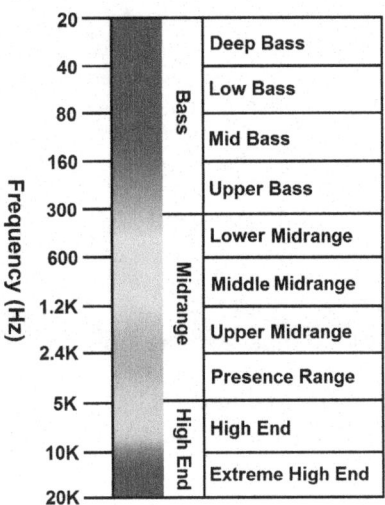

3.10 ESPECTRO DE FRECUENCIA

El espectro de frecuencias de audio representa el rango de frecuencias que el oído humano puede interpretar. La frecuencia del sonido se mide en la unidad Hertz (Hz). Este rango de frecuencia audible, en la persona promedio al nacer, es de 20Hz a 20.000 Hz (20kHz).

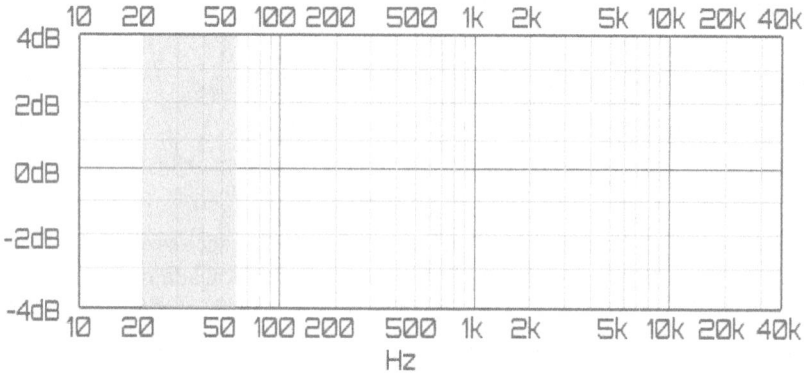

Espectro del sonido

Un espectro de sonido muestra las diferentes frecuencias presentes en un sonido. La mayoría de los sonidos están formados por una complicada mezcla de vibraciones. Un espectro de sonido es una representación de un sonido, generalmente una muestra corta de un sonido, en términos de la cantidad de vibración en cada frecuencia individual. Generalmente se presenta como un gráfico de potencia o presión en función de la frecuencia. La potencia o presión generalmente se mide en decibelios y la frecuencia se mide en vibraciones por segundo (o hercios, abreviatura Hz) o miles de vibraciones por segundo (kilohercios, abreviatura kHz).

3.10.1 Las frecuencias subgraves (20Hz-60Hz)

Son las primeras frecuencias que nos encontramos en los instrumentos capaces de alcanzar ese rango en el espectro. Son frecuencias las cuales "sentimos" más su sensación que no su escucha auditiva. Son las encargadas de dar presión y sensación en el conjunto de un recinto acústico. Hay que tener mucho cuidado en el manejo de este rango de frecuencias, ya que, si no disponemos de unos altavoces o monitores capaces de reproducirlas, no vamos a saber lo que estamos manipulando. Un exceso en estas puede hacer que un sonido suene demasiado potente. Contrariamente si nos quedamos cortos en estas, puede dar la sensación de delgadez en los sonidos.

3.10.2 Las frecuencias graves (60Hz-160Hz)

Tienen una longitud de onda mayor a las altas frecuencias siendo el rango de frecuencias que dan cuerpo a los sonidos, estando las notas fundamentales del ritmo basadas en este rango auditivo. Un exceso de estas frecuencias nos dará como resultado un sonido retumbante llegando a incluso saturar si nos pasamos sumando demasiada información en este rango.

3.10.3 Los medios graves

Estos comprenden la franja que abarca aproximadamente desde los 160Hz a los 400Hz. Es donde suele estar casi toda la información de los bajos eléctricos.

3.10.4 Frecuencias medias

Son el rango de frecuencias que abarcan desde los 400Hz a 1.4kHz. Siendo una de las zonas de más "conflicto", al coincidir con la tesitura de muchos otros instrumentos.

3.10.5 Frecuencias medias agudas

Rango que comprende entre los 1.4kHz a los 4.000kHz.

Suelen ser el rango donde está la mayor definición de las guitarras.

3.10.6 Las altas frecuencias (4.000kHz-20.000kHz)

Tienen una longitud de onda menor y son más direccionales que las bajas frecuencias. Son las frecuencias que dan inteligibilidad a la voz.

Casi toda la información de la voz humana está comprendida en la zona de las frecuencias medias. (400Hz-4.000k).

Teorema de Fourier

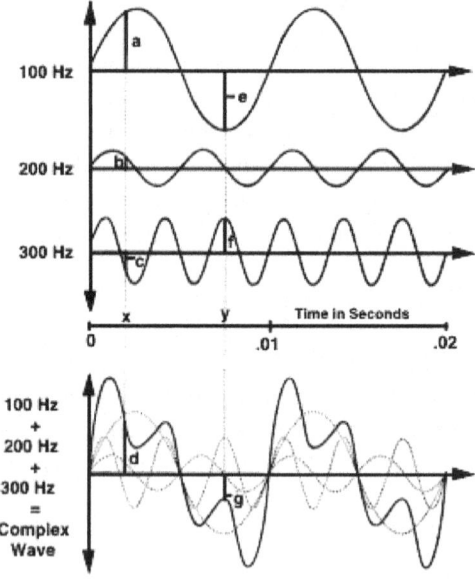

Formas de ondas de series de Fourier

Este es un teorema matemático que establece que una función periódica f (x) que es razonablemente continua puede expresarse como la suma de una serie de términos seno o coseno (llamados series de Fourier), cada uno de los cuales tiene coeficientes amplitud y fase específicos conocidos como coeficientes de Fourier.

Polaridad

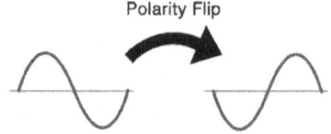

Si con la fase, estamos cambiando la posición de una forma de onda en relación con otra en el tiempo (grados de ciclos). Con polaridad, estamos posicionando la forma de onda como derecha o invertida en relación con su estado original. Es decir, estamos cambiando la orientación +/- sin cambiar la posición de la forma de onda en el tiempo.

La mayoría de los mezcladores incluyen un interruptor de "fase", que en realidad es un interruptor de "inversión de polaridad".

La polaridad es un estado positivo o negativo, en relación con la forma de onda original. Una forma de onda es de polaridad positiva hasta que invierte o "voltea" la polaridad para hacerla negativa, en relación con su estado original.

Fig 2: Two similar waveforms, one phase-shifted 180 degrees:

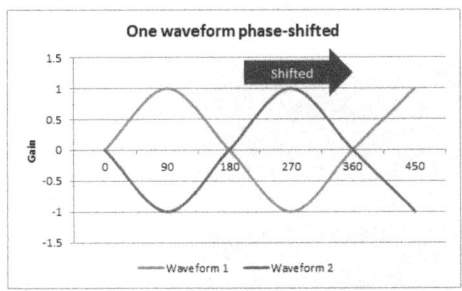
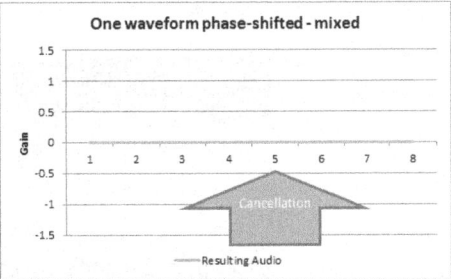

La fase y la polaridad como hemos visto son dos cosas diferentes, a pesar de que son muchos los profesionales que siguen confundidos en la interpretación de ambas cosas.

Rango dinámico (Headroom)

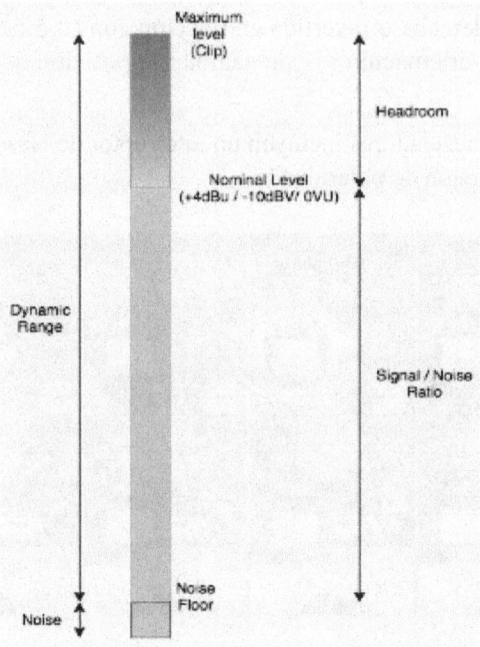

Técnicamente hablando, el rango dinámico (cuando se mide en decibelios) es la relación de la cantidad máxima de señal no distorsionada que un sistema puede manejar en comparación con el nivel promedio para el que está diseñado el sistema.

Relación señal/ruido SNR

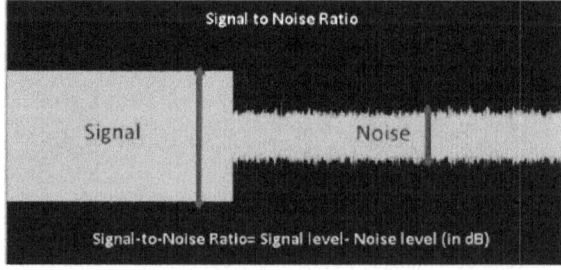

Esta es la relación entre el nivel de señal / onda de sonido y el nivel de ruido inherente al sistema. Todas las tecnologías de audio (especialmente las analógicas) producen un ruido medible (hiss) incluso cuando no hay una señal presente. En los circuitos eléctricos, esto se debe en parte a la "sacudida" de los electrones, que nunca están en reposo.

Distorsión

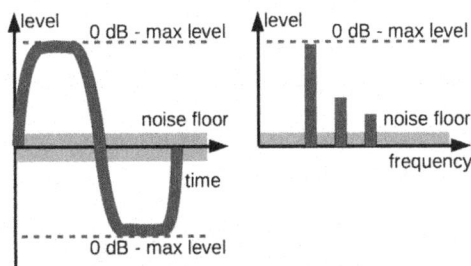

En un sistema digital, cuando llegamos al "clipping" se produce un sonido desagradable y el cual es inaceptable para poder trabajar. Al mismo tiempo estamos poniendo en peligro el equipo con el que estamos operando, ya que ese valor audible de distorsión va a traducirse a través de toda la cadena de amplificación del sistema. Cualquier señal que exceda el máximo (que está determinada por la profundidad de bits) se redondeará al mayor valor digital posible (por ejemplo, 11111111). Contrariamente y a diferencia de los sistemas digitales, en un sistema analógico de válvulas o transistores, cuando la señal excede el nivel máximo, la distorsión puede agregar un "color" o "calor" deseable a la señal antes de volverse desagradable.

Feedback

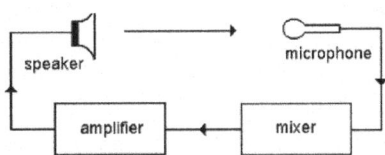

En electrónica, un circuito de retroalimentación es un diseño de circuito en el que una parte de la señal de salida de un amplificador se envía de vuelta a la entrada. La "retroalimentación negativa" es el estado en el cual la señal de salida se invierte en polaridad antes de enviarse de regreso a la entrada que disminuye la distorsión a expensas de la ganancia reducida del amplificador.

Teorema de Nyquist

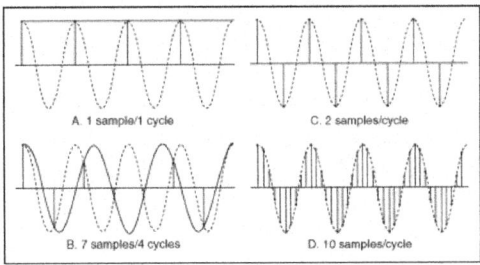

Para que una forma de onda de señal analógica pueda convertirse a formato digital y reconstruirse sin error a partir de muestras tomadas a intervalos de tiempo iguales, la frecuencia mínima de muestreo de ser igual o mayor que el doble de la frecuencia de su componente de frecuencia más alta que la señal analógica a muestrear.

Fletcher Munson Curves (Curvas isofónicas)

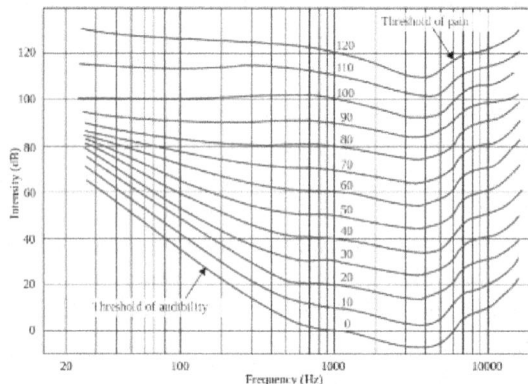

Las curvas de sonoridad de Fletcher-Munson indican la sensibilidad promedio del oído a diferentes frecuencias en varios niveles. Las curvas de Fletcher Munson se conocen más comúnmente como contornos de igual volumen. Esto se ha adoptado como un último estándar reemplazando a las precursoras curvas de valores Fletcher Munson.

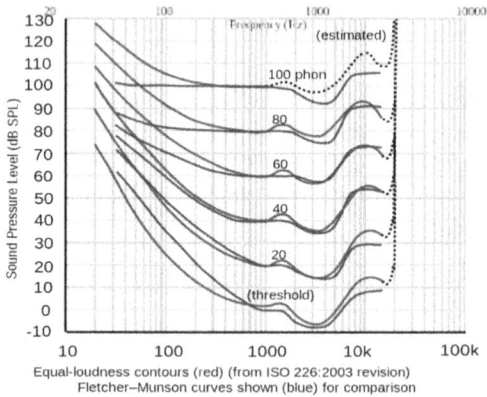

Equal-loudness contours (red) (from ISO 226:2003 revision)
Fletcher–Munson curves shown (blue) for comparison

Un factor importante en la comprensión del sonido es que el oído no es igualmente sensible a todas las frecuencias en el rango audible. Un sonido de una determinada frecuencia puede parecer más fuerte que uno de igual amplitud de presión, pero de una frecuencia diferente.

Por lo tanto, a la hora de trabajar, debemos de saber que:

▶ El oído es menos sensible a las bajas frecuencias a bajos volúmenes.

▶ El oído es más sensible a las frecuencias de rango medio / rango medio superior.

▶ El oído es ligeramente menos sensible a las frecuencias más altas en comparación con las frecuencias de rango medio en el mismo volumen.

Comprensión en la relación de niveles de señal de audio analógico respecto a digital

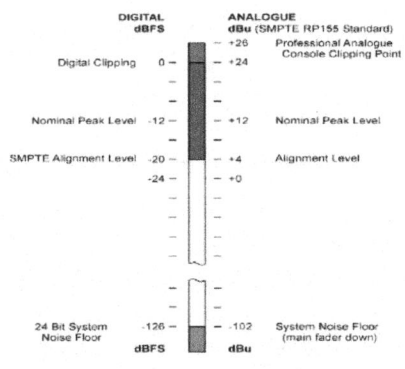

A comparison between traditional professional analogue console signal levels and the SMPTE recommended digital equivalents (Rp155)

Los niveles de audio digital se miden de manera diferente a los niveles de audio analógico. Los niveles de audio en digital se miden en dBFS (decibelios en relación con la escala completa). 0 dBFS representa el nivel más alto posible en equipos digitales. Todas las demás mediciones expresadas en términos de dBFS siempre serán inferiores a 0 dB (números negativos). 0 dBFS indica la palabra digital (que representa la forma de onda analógica) con todos los dígitos = "1", la muestra más alta posible. La muestra más baja posible es (audio de 16 bits): 0000 0000 0000 0001, que equivale a -96 dBFS. La adición de cada bit a la longitud de palabra duplica el número de valores que se pueden expresar. 20 log 2 = 6.02. La "Regla de 6 dB por bit" es una aproximación para calcular el rango dinámico real para un ancho de palabra dado. En el procesamiento de señales del "mundo real", la cuantización es el proceso por el cual un número se aproxima por un número de precisión finita. Por ejemplo, durante la conversión de analógico a digital, un voltaje de señal infinitamente variable está representado por un número binario con un número fijo de bits. En cuanto a un nivel operativo nominal, la práctica recomendada es utilizar -12 dBFS como referencia. Esto sería observar niveles máximos dinámicos para aterrizar en la indicación de -12 dBFS, dejando así 12dB de margen para el sistema. Suponiendo que 0 dBFS esté en el nivel de audio más alto antes de que ocurra el recorte, que corresponde a un nivel analógico de 24 dBu, +4 dBu es lo mismo que–20 dBFS.

La diferencia entre dos valores binarios consecutivos se denomina paso de cuantificación o nivel de cuantificación. El tamaño del paso de cuantificación define el nivel de ruido efectivo de la señal cuantificada. Si bien esto generalmente se acepta como el rango de audio digital, no es un estándar difícil. Cuando los valores de audio digital se vuelven a convertir a analógico, algunos equipos de audio digital proporcionan selecciones de nivel para cambiar los niveles de salida analógica de 0 VU a -18dBFS o -14dBFS. Bajar la relación dBFS aumenta los niveles de sonido de audio emitidos por el convertidor D / A.

La ley de OHM

El ohmio es la unidad de medida de la impedancia, que es propiedad de un altavoz que restringe el flujo de corriente eléctrica a través de él. Los altavoces típicos tienen clasificaciones de impedancia de 4 Ω, 8 Ω o 16 Ω. La impedancia de un altavoz es una propiedad física que (idealmente) no cambia el valor, aunque desde un punto de vista de ingeniería, hay muchas características complejas que componen la impedancia del altavoz. Por esta razón, la calificación de un altavoz se llama su valor "nominal".

La Ley de Ohm establece: en un circuito eléctrico, el flujo de corriente es directamente proporcional al voltaje e inversamente proporcional a la impedancia. Matemáticamente, esto se convierte en: la corriente (en amperios) es igual al voltaje (en voltios) dividido por la impedancia (en ohmios). Es importante saber que si agregamos altavoces la impedancia total de OHMIOS (Ω) disminuye.

$$V \text{ (voltaje)} = R \text{ (resistencia)} \cdot I \text{ (intensidad)}$$

Fórmula general de la ley de Ohm

4

FENÓMENOS ACÚSTICOS

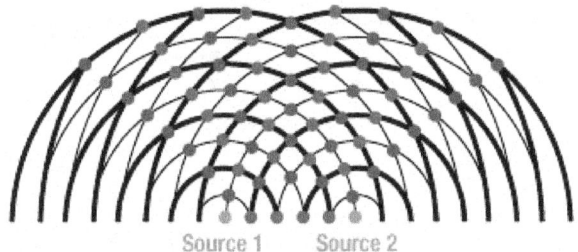

Two-Point Source Interference Pattern

● = Maximum Pressure
● = Minimum Pressure

Source 1   Source 2

Sources

4.1 ONDAS SONORAS

Todos los sonidos se originan al hacer vibrar un medio, ya sea madera, metal, nuestras cuerdas vocales o las alas de un insecto. El sonido se propaga a través de los medios haciendo que las partículas adyacentes vibren de manera similar. Las cuerdas de un violín vibran a una frecuencia determinada y desplazando así las moléculas de aire adyacentes a las cuerdas.

Este proceso continúa, y eventualmente las partículas de aire en nuestros oídos chocan con pequeños pelos localizados en nuestro oído interno. Estos pelos envían impulsos eléctricos a nuestro cerebro, lo que nos dice que estamos escuchando un tono particular. Por lo tanto, el sonido requiere de una fuente sonora, un medio material en su propagación y un receptor.

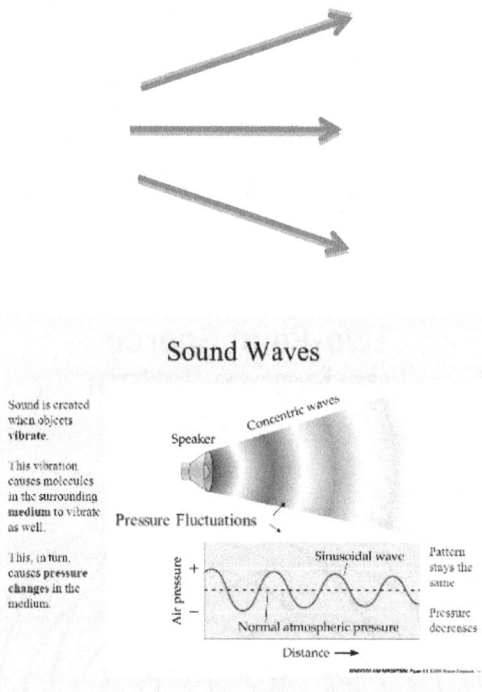

La analogía y el ejemplo más popular con la propagación de ondas sonoras es el ejemplo de una roca que cae en un estanque. La roca, en su descenso inicial hacia el agua (gravedad), produce ondas en el agua, que se originan en la fuente puntual de la roca, extendiéndose en todas las direcciones.

Debido a la masa de las moléculas de agua, la energía se usa para hacer que el agua se ondule y, por lo tanto, a medida que las ondas viajan más y más lejos del punto de caída de la roca, las ondas pierden intensidad. El sonido se comporta de la misma manera. A medida que el sonido viaja, pierde energía y por lo tanto se vuelve más suave.

4.2 LEY DEL CUADRADO INVERSO

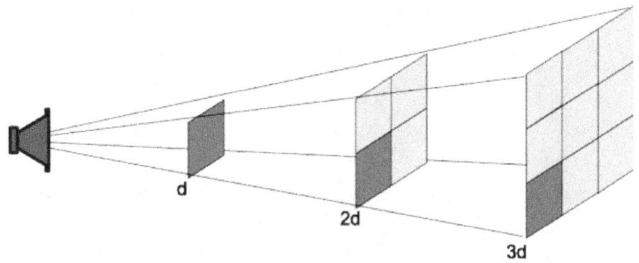

Ley del cuadrado inverso: la potencia del sonido de intensidad por unidad
disminuye a medida que aumenta el cuadrado del radio (d)

Esta dicta la cantidad de energía perdida por unidad de distancia: en un campo libre, duplicando la distancia se reduce la energía del sonido, dada una fuente puntual.

A medida que uno se aleja de una fuente de ondas esféricas, la amplitud del sonido en su ubicación disminuye. Esto se debe a las formas en que, al viajar a través de la distancia entre la fuente y el oyente, la intensidad de la onda disminuye. La intensidad (I) es la potencia (W) en la onda dividida por el área (A) sobre la cual se extiende:

$$I = W / A$$

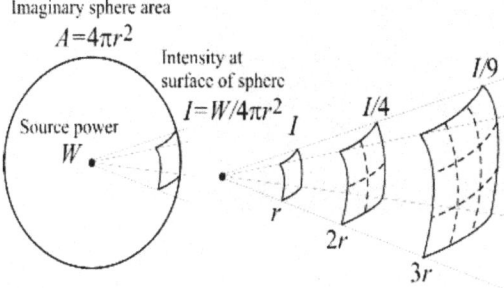

En ausencia de absorción, la amplitud de presión de las ondas de sonido esféricas decae a 1 / r

4.3 MASK EFFECT (EFECTO DE ENMASCARAMIENTO)

Esta es la perturbación que sufre nuestro oído cuando estamos escuchando una fuente sonora, y esta es disminuida perdiendo su claridad e inteligibilidad por otra fuente o ruido de fondo perturbador. Cuando esto ocurre, no queda otra que el de disminuir el ruido de fondo, y aumentar el nivel sonoro de la fuente de interés. La reverberación, distorsión, eco, o un bajo nivel de emisión, son otros tipos de fenómenos los cuales tienen los mismos efectos alterando de esta manera la inteligibilidad a la hora de poder apreciar o reconocer un mensaje o señal.

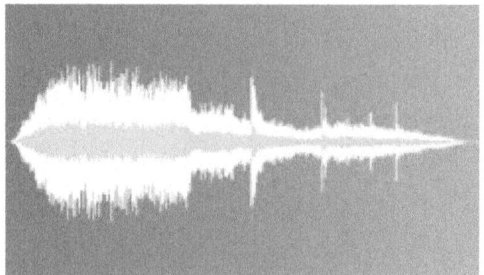

4.4 DIFRACCIÓN

La difracción es un fenómeno que ocurre cuando una onda incide con un objeto u obstáculo y envuelve a este siendo transmitida a su parte posterior. Esto ocurre siempre que la longitud de onda sea mayor a la distancia la cual se encuentra el obstáculo.

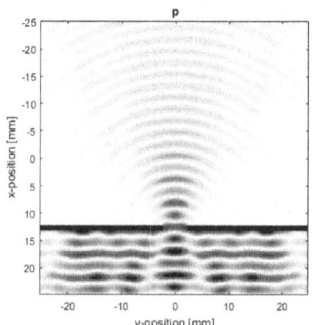

Partes importantes de nuestra experiencia con el sonido involucran la difracción. El hecho de que puedas escuchar los sonidos alrededor de las esquinas y alrededor de las barreras implica tanto la difracción como la reflexión del sonido. La difracción en tales casos ayuda al sonido a "doblarse" alrededor de los obstáculos. El hecho de que la difracción es más pronunciado con longitudes de onda más largas implica que se pueden escuchar las frecuencias bajas alrededor de los obstáculos mejor que las frecuencias más altas, como lo ilustra el ejemplo de una banda de música en la calle. Otro ejemplo común de difracción es el contraste en el sonido de un rayo cercano y uno distante. El trueno de un rayo cercano se experimentará como un crujido agudo, lo que indica la presencia de un montón de sonido de alta frecuencia. El trueno de un golpe distante se experimentará como un estruendo bajo, ya que son las longitudes de onda largas las que pueden doblarse alrededor de los obstáculos para llegar hasta ti. Aquí hay otros factores como la mayor absorción de aire de las altas frecuencias involucradas, la difracción juega un papel en la experiencia.

4.5 COMPRESIÓN

La compresión y refracción de la onda de sonido son dos términos estrechamente relacionados entre sí. Siendo estos en realidad, términos opuestos, cuando las moléculas se acumulan en la cresta se llama compresión, mientras que en la refracción las moléculas se liberan. Ambos términos son importantes para producir la vibración y transferir las ondas de sonido de un extremo al otro. Sin embargo, se debe dar importancia a la compresión de la onda de sonido porque es el punto donde la energía mecánica se convierte en sonido en forma de vibración.

4.6 RAREFACCIÓN

Esta es el segmento de un ciclo de una onda longitudinal durante su desplazamiento o movimiento, siendo la compresión el otro segmento. Si la punta de un diapasón vibra en el aire, por ejemplo, la capa de aire adyacente a la punta se comprime cuando la punta se mueve para apretar las moléculas de aire juntas. Sin embargo, cuando el diente retrocede en la dirección opuesta, deja un área de presión de aire reducida. Una sucesión de rarefacciones y compresiones forma el movimiento de onda longitudinal que emana de una fuente acústica.

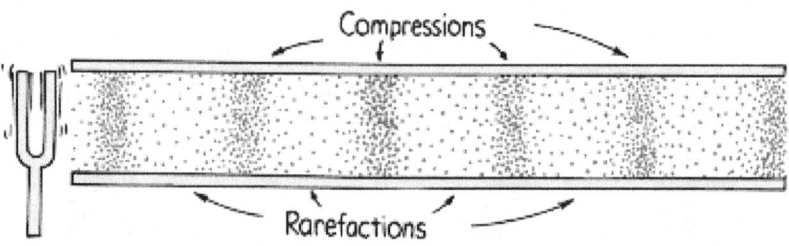

Copyright © 2008 Paul G. Hewitt, printed courtesy of Pearson Education Inc., publishing as Addison Wesley.

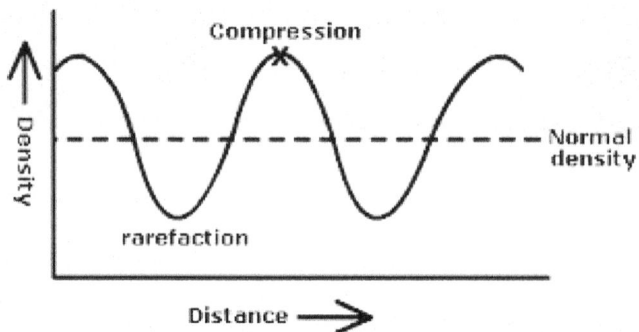

Algunos ejemplos exponenciales de presión sonora

4.7 REFRACCIÓN

Es un fenómeno que afecta a la propagación del sonido. Siendo este la desviación que sufren las ondas en la dirección de su propagación, cuando el sonido pasa de un medio a otro distinto. De manera diferente a lo que sucede con la reflexión, en la refracción, el ángulo de refracción ya no es igual al de incidencia.

4.8 TRANSMISIÓN

La transmisión acústica es la transmisión de sonidos a través de y entre materiales, incluyendo aire, paredes o instrumentos musicales.

El grado en que el sonido se transfiere entre dos materiales depende de qué también coincidan sus impedancias acústicas. La cual es la resistencia que opone un medio a las ondas que se propagan sobre este.

Los requisitos para la producción de ondas son:

1. Una fuente que inicia una perturbación mecánica.

2. Un medio elástico a través del cual se transmite la cabina de perturbación.

SOUND INTERACTION WITH SURFACE

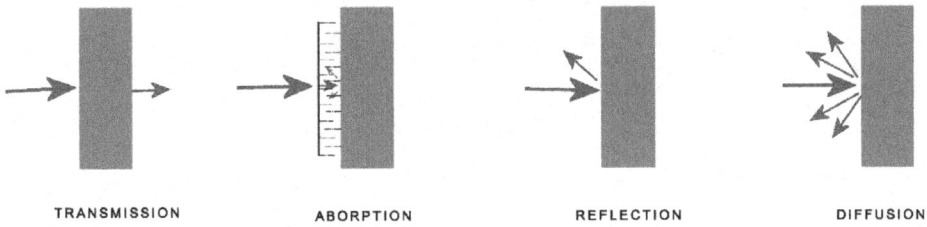

TRANSMISSION   ABORPTION   REFLECTION   DIFFUSION

4.9 ABSORCIÓN

La capacidad de absorción del sonido de un material es la relación entre la energía absorbida por el material y la energía reflejada por el mismo.

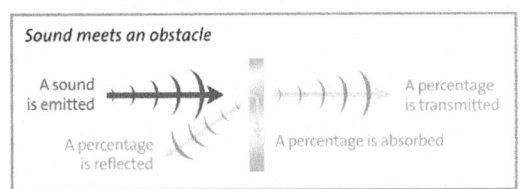

4.10 REFLEXIÓN

Cuando una onda alcanza el límite entre un medio y otro medio, una porción de la onda se refleja y una porción de la onda se transmite a través del límite, la cantidad de reflexión depende de la diferencia de los dos medios. Cuando una fuente de sonido cesa en un espacio, las ondas de sonido continuarán reflejándose en la pared dura, el suelo y las superficies del techo hasta que pierda suficiente energía y muera. La prolongación del sonido reflejado se conoce como reverberación. El tiempo de reverberación (RT) es el número de segundos que tarda la energía de sonido reverberante en disminuir hasta una millonésima (o 60dB) de su valor original desde el instante en que la señal de sonido cesa.

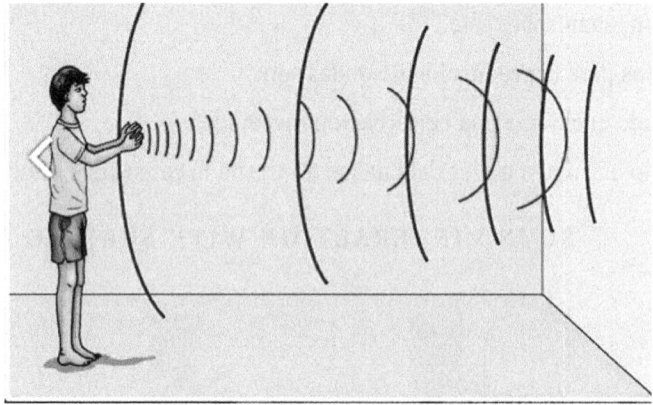

Reflexión del sonido

4.11 DIFUSIÓN

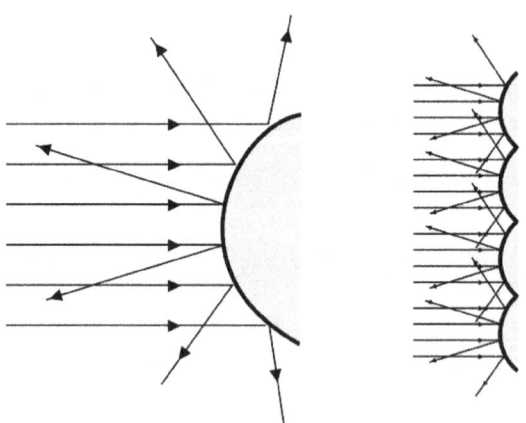

Si la superficie donde se produce la reflexión presenta alguna rugosidad, la onda reflejada no sólo sigue una dirección, sino que se descompone en múltiples ondas.

4.12 REVERBERACIÓN

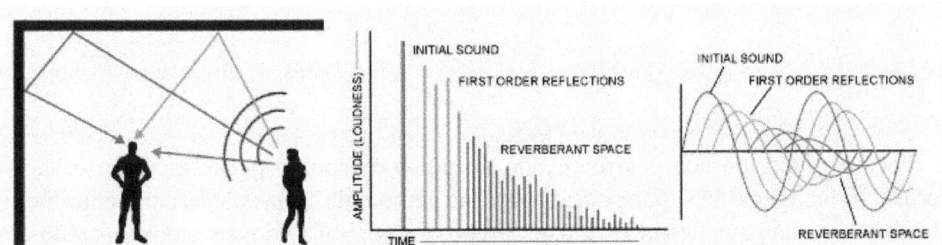

Cuando una fuente de sonido cesa en un espacio, las ondas de sonido continuarán reflejándose en las superficies duras de la pared, el piso y el techo hasta que pierda suficiente energía y se extinga. La prolongación del sonido reflejado se conoce como reverberación. El tiempo de reverberación (RT) es la cantidad de segundos que tarda la energía del sonido reverberante en reducirse a una millonésima (o 60dB) de su valor original desde el instante en que cesa la señal de sonido.

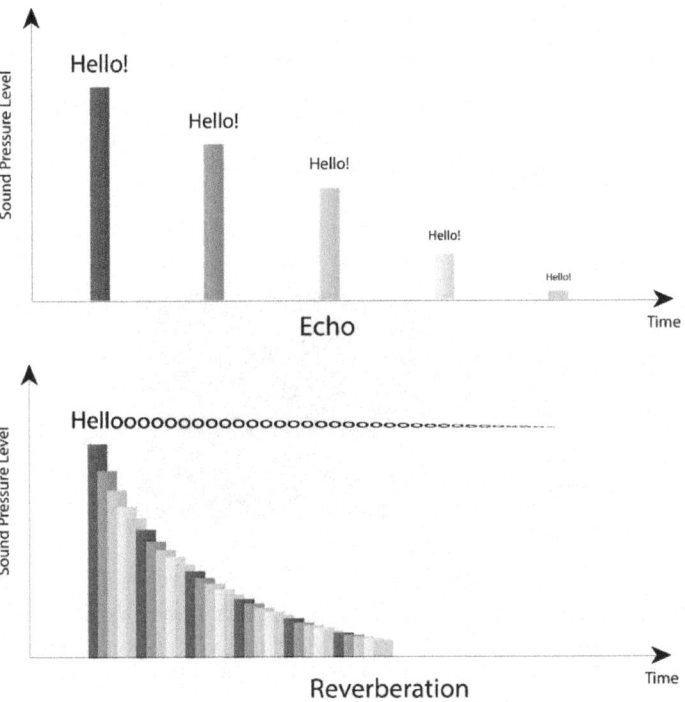

Aún a día de hoy, es mucha la gente que sigue confundida acerca de la diferencia entre reverberación y eco.

La reverberación es la persistencia del sonido después de que se ha detenido la fuente de sonido. Es el resultado de un gran número de ondas reflejadas que el cerebro puede percibir como un sonido continuo.

4.13 ECO

Por otro lado, un eco ocurre cuando un pulso de sonido puede escucharse varias veces. Normalmente se supone que, si hay una demora de 50 ms o más entre el primer y el segundo sonido que llegan al oído, el cerebro los percibirá como eventos separados en lugar de un evento prolongado.

Retardo (Delay)

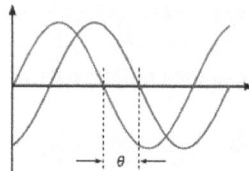

Básicamente el retardo es una técnica de procesamiento de señal de audio y una unidad de efectos que registra una señal de entrada en un medio de almacenamiento de audio y luego la reproduce después de un período de tiempo.

Room modes

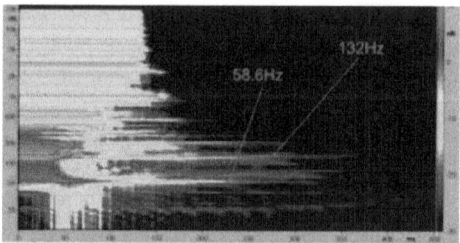

Esto es el fenómeno acústico producido por una serie de resonancias existentes en un espacio cuando este es excitado por una fuente acústica como podría ser un sistema de altavoces. Normalmente la mayoría de los espacios tienen su resonancia fundamental en frecuencias comprendidas entre los 20Hz-200Hz. Cada frecuencia suele estar relacionada con una, varias o un divisor de las dimensiones de esta. Esto perjudica la reproducción de las bajas y medias bajas frecuencias en la respuesta de un sistema de sonido de un espacio, lo cual suele ser uno de los mayores obstáculos para una correcta reproducción del sonido.

Fase

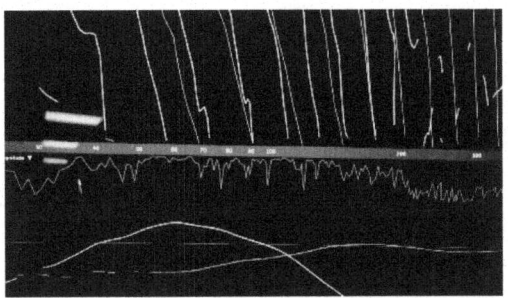

Ajuste de fase, mediante Smaart Live

La relación temporal de una onda de sonido/señal de audio para una referencia conocida de tiempo se llama fase. Esta juega un papel muy importante en nuestro sistema de sonido. Si una forma de onda está desfasada con otra forma de onda de tonalidad similar, habrá algún tipo de cancelación. La cancelación puede no ser absoluta, pero podría ser notable. Por lo general, suele ser notoria al reflejarse una pérdida en el contenido de las bajas frecuencia.

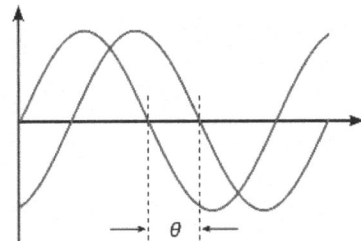

La fase se expresa en grados, siendo un ciclo completo de una onda sinusoidal igual a 360 grados. La referencia de tiempo puede ser arbitrariamente seleccionada y fijada instantáneamente en el tiempo. La razón principal es que la fase debe controlarse debido al resultado de la suma entre señales. Esto puede afectar las señales de audio cuando estas se mezclan en un mezclador, empleamos multimicrofónia para captar una fuente o cuando utilizamos múltiples altavoces distanciados entre sí.

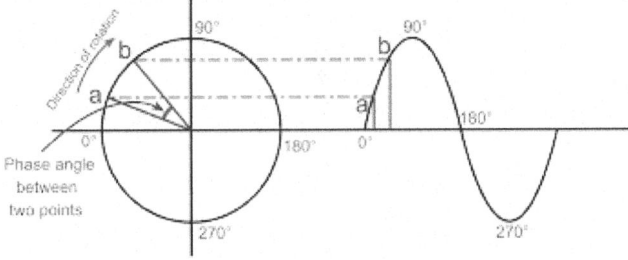

Rotación de la onda de una señal de audio sinusoidal

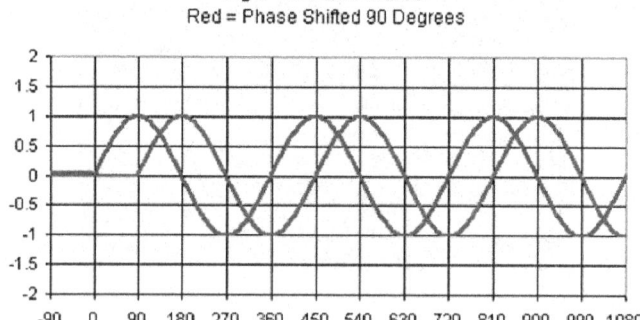

Fig 5 - Two Sine Waves:
Red = Phase Shifted 90 Degrees

Dos ondas sinusoidales con una diferencia de 90 grados de fase

Una onda sinusoidal es un tono puro, una frecuencia fundamental sin armónicos.

Cuando una señal se encuentra desfasada 90 grados respecto a otra (una onda sinusoidal cruza cero cuando el otro está al máximo, ambas yendo en la misma dirección) ambas sumaran 3db de rms.

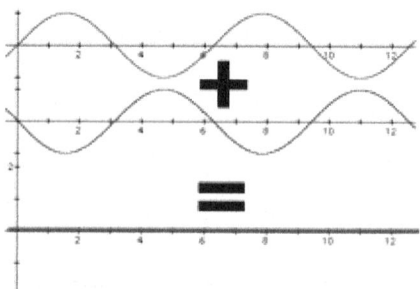

Una señal se encuentra desfasada 180 grados respecto a otra (ambas ondas sinusoidales se cruzan en cero grados de rotación al mismo tiempo, pero entrando direcciones opuestas). Esto dará lugar a que ocurra una cancelación total en cuanto al sonido entre ambas señales con una suma de 0db.

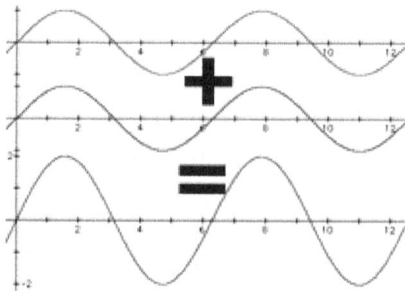

Una onda sinusoidal se dice estar en fase cuando la salida y la entrada (ambas ondas se cruzan cero al mismo tiempo, yendo en la misma dirección). Ello dará como resultado 6db en la suma entre ambas.

Hay que tener en cuenta que las relaciones de fase pueden cambiar en diferentes frecuencias, y a menudo lo hacen con circuitos de audio del mundo real.

Filtro peine (Comb Filter)

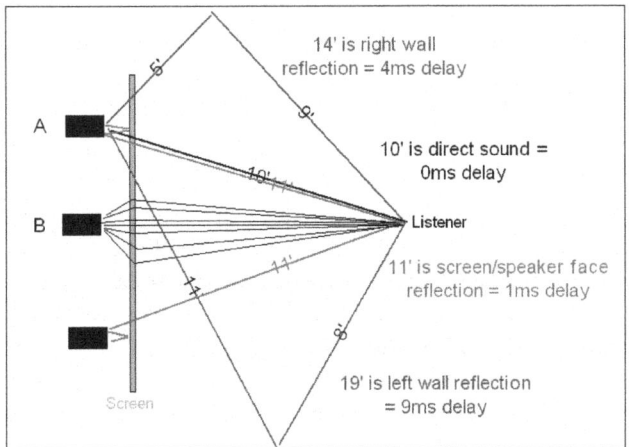

Un filtro de peine es una respuesta de frecuencia con muescas consecutivas y empinadas que se asemejan a los dientes de un peine. Este está totalmente vinculado con la fase, ya que es el resultado de que los sonidos reflejados se vuelven a agregar a un sonido directo. El retraso de tiempo entre los sonidos directos y reflejados significa que las frecuencias específicas se atenúan (fuera de fase) y otras se refuerzan (en fase).

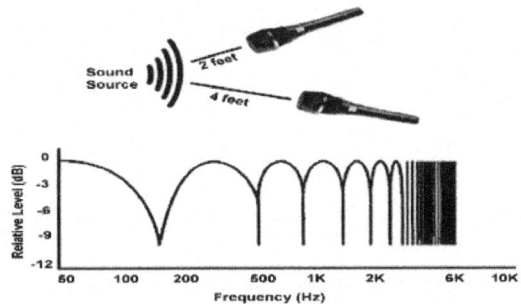

La cancelación de fase es lo que hace que las frecuencias particulares se atenúen en el filtrado de peine. Las características tonales de una mezcla pueden ser alteradas drásticamente por cancelación de fase y refuerzo.

Interacción de Fase

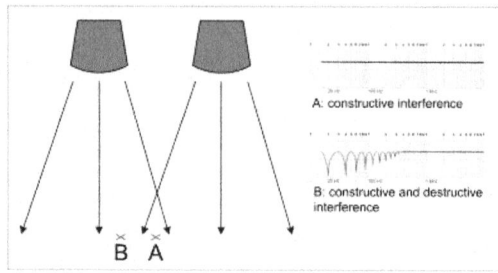

En los sistemas de refuerzo de sonido, las interacciones de fase suelen ser más problemáticas en las ondas acústicas que las electromagnéticas. Las sumas de fase y las cancelaciones son la fuente de muchos de los problemas acústicos presentes en los diferentes espacios. Las longitudes de onda acústicas son a menudo cortas en relación con el tamaño de la sala (al menos a alta frecuencia), por lo que las ondas tienden a rebotar alrededor de la habitación antes de decaer hacia la inaudibilidad. Las ondas reflejadas se "superponen" para formar una forma de onda compleja que se escucha a través del oyente. Por esta razón, las interacciones de fase entre múltiples altavoces nunca dan como resultado la cancelación completa de la presión del sonido, sino más bien la cancelación en algunas frecuencias y la suma coherente en otras. El resultado subjetivo es la coloración tonal y el cambio de imagen de la fuente de sonido que escucha el oyente.

Suma y coherencia de las señales

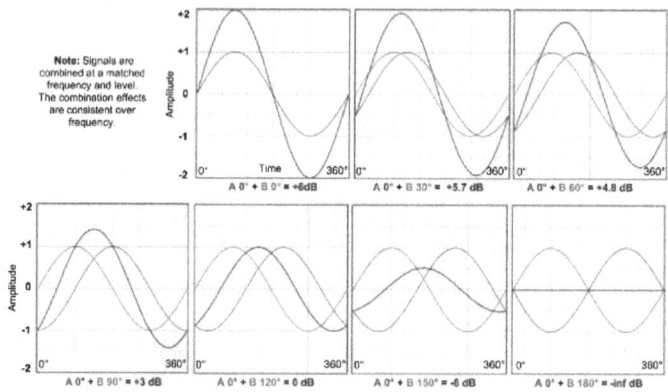

Dos altavoces que utilizan movimiento pistónico de superficie de tamaño fijo (todos los altavoces normales) para crear sonido suman + 6db si están más cerca de la mitad de la longitud de onda, es decir, se duplica la superficie efectiva de radiación, por lo que la eficiencia se duplica ya que existe un efecto llamado acoplamiento mutuo. Dos veces la eficiencia + dos veces la potencia da como resultado + 6db. Esto no funciona cuando las fuentes de sonido están a más de 1 longitud de onda, por lo tanto, entre sonidos coherentes existe una suma de + 6db solo cuando las fuentes de sonido están a una distancia relativamente cercana, siendo siempre la posición de la fuente de sonido importante en todo ello, Si el sonido se agrega coherentemente, en fase, el SPL se duplica (6 dB). Si agrega incoherentemente, el promedio de rms es de 3 dB. Si las fuentes suman coherentemente, entonces es 20 log n. Incoherentemente es 10 log n. Apoyándonos en un registro en base a 10.

4.14 SUMA DE SEÑALES COHERENTES

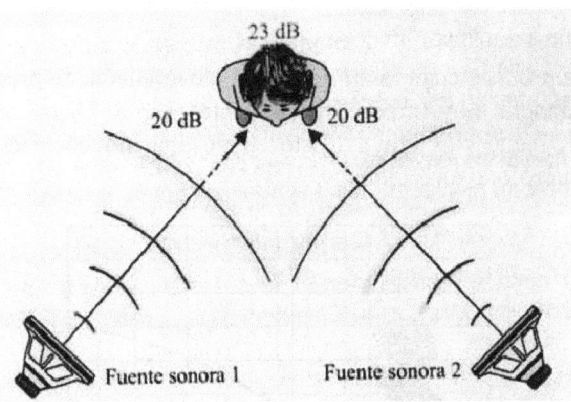

Dos señales son coherentes si estas provienen de una misma señal o fuente puntual sonora. Estas al poseer un mismo nivel y una misma fase su suma máxima será de 6 dB.

4.14.1 Suma de señales no coherentes

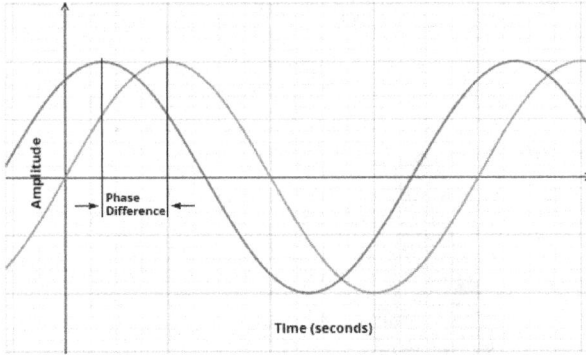

Las señales de distintas fuentes sin relación de fase se llaman no coherentes. En este caso no hay una suma automática de la presión sonora, pero la potencia sonora de ambas fuentes se debe sumar (doblar potencia equivale a +3 dB de presión sonora). Esto es válido cuando un punto es alcanzado por muchas fuentes o por sus reflexiones.

Efecto proximidad

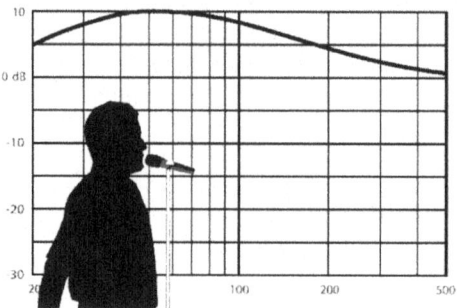

Dicho efecto se produce cuando un micrófono de gradiente de presión o direccional es empleado de manera muy próxima a la fuente sonora. Dicho efecto produce un incremento de las frecuencias graves. Esto ejerce una influencia en la respuesta en frecuencia de un micrófono direccional.

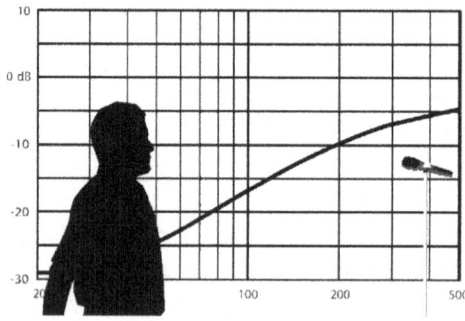

Al incrementar la distancia el efecto de proximidad es reducido. Muchos artistas utilizan esta técnica para conseguir un efecto diferente a la hora de interpretar.

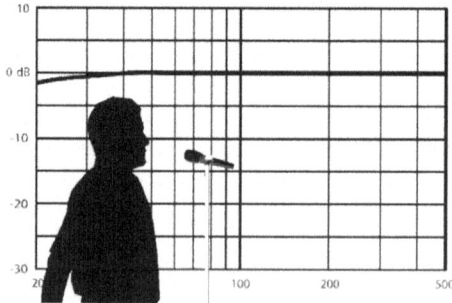

Dicho efecto puede emplearse para beneficiarse de una respuesta en frecuencia diferente dependiendo de la distancia a la que se emplee un micrófono respecto a una fuente sonora. Hay que tener dicho efecto en cuenta ya que en las sonorizaciones en directo esto puede provocar acoples (feedback).

5

ELEMENTOS DE UN SISTEMA DE AUDIO

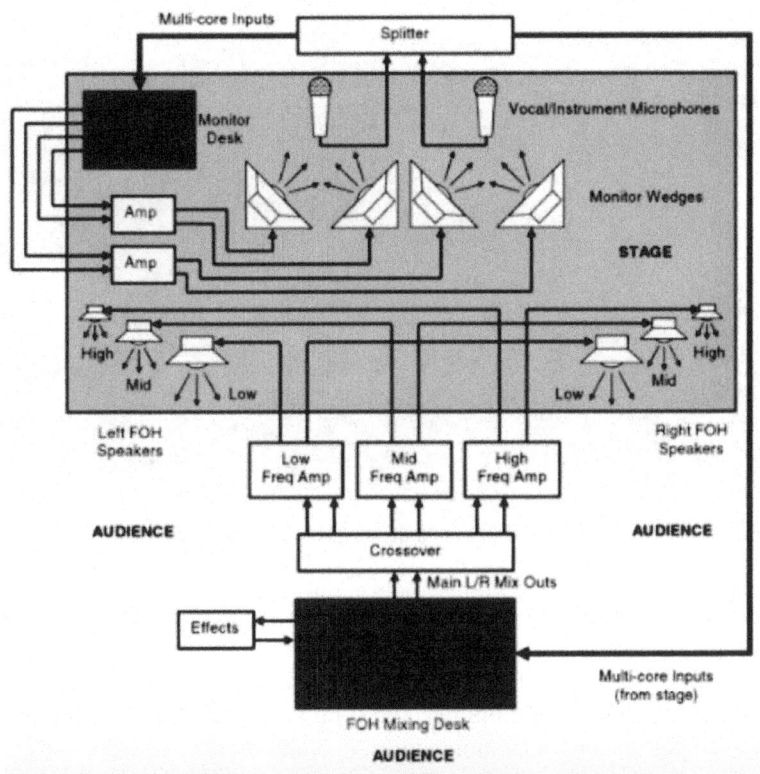

Estructura básica de un sistema de audio para directo

5.1 ¿QUÉ ES UN SISTEMA DE REFUERZO DE SONIDO?

Un sistema de refuerzo de sonido es la combinación de micrófonos, procesadores de señal, amplificadores y altavoces ubicados en recintos acústicos, siendo todos ellos controlados por un mezclador. El cual hace que los sonidos en vivo o pregrabados sean más fuertes y potentes, como también el poder distribuir esos sonidos a una audiencia más grande o distante. En muchas situaciones, un sistema de refuerzo de sonido también se utiliza para mejorar o alterar creativamente el sonido de las fuentes en el escenario, generalmente mediante el uso de efectos electrónicos, como la reverberación o delays, etc. En lugar de simplemente amplificar las fuentes sin que estas sufran alteraciones.

Sistema LEO de Meyer sound para una de las giras de la banda musical Metallica

Un sistema de refuerzo de sonido para un concierto de rock en un estadio puede ser muy complejo, ya que, en este se pueden llegar a utilizar cientos de micrófonos, sistemas complejos de mezcla de sonido en vivo y procesamiento de señal, decenas de miles de vatios de potencia de amplificación y múltiples conjuntos de altavoces, todo ello supervisado por un equipo de montadores, operadores, así como diversos técnicos e ingenieros de audio.

Por otro lado, un sistema de refuerzo de sonido puede ser tan simple como un pequeño sistema de megafonía, el cual puede consistir, por ejemplo, en un solo micrófono conectado a un altavoz auto amplificado de unos 120 vatios para un cantautor que actúa en una pequeña sala.

En ambos casos, estos sistemas refuerzan el sonido para hacerlo más fuerte o distribuirlo a un público más amplio. Algunos ingenieros de audio de la industria del audio profesional no están de acuerdo sobre si estos sistemas de audio deberían llamarse sistemas de refuerzo de sonido SRS (sound reinforcement system) o sistemas de P.A (Public Address). Distinguir entre los dos términos por tecnología y capacidad es común, mientras que otros distinguen por el uso previsto (por ejemplo, los sistemas SRS son para soporte de eventos en vivo y los sistemas P.A son para reproducción de voz y música grabada en edificios e instituciones). En algunos Países o mercados, la distinción entre los dos términos es importante, aunque dichos términos se consideran intercambiables y son ambos ampliamente empleados en muchos de los círculos profesionales.

En los últimos 20 años, los sistemas de sonido han sufrido un cambio drástico hacia el mundo digital, ya que prácticamente todos los principales gestores y componentes de la cadena de audio son procesados mediante software y DSP inteligentes. Como parte de la evolución tecnológica, todo ha tendido a reducirse en tamaño y en peso, facilitando de esta manera las cosas a los distintos profesionales que intervienen en los montajes o eventos.

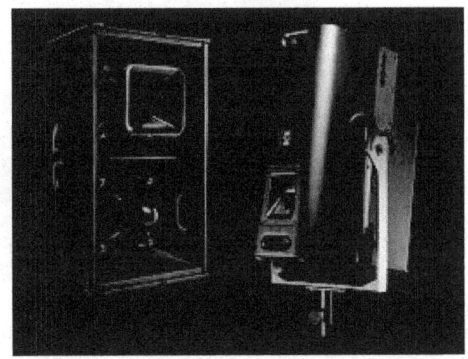

Foto izquierda. Pasado: Un gran y voluminoso sistema antiguo Martin Audio.
Foto derecha. Presente: El pequeño y poderoso T24N de TW AUDIO

En los mezcladores de audio y en las etapas de potencia es quizás donde más se ha innovado. Todos los fabricantes desarrollan exclusivas interfaces para su funcionamiento y es labor de todo profesional el mantenerse actualizado sobre los diferentes productos, así como en el manejo y el óptimo funcionamiento de estos.

Lo que no ha cambiado indiferentemente de sus mecanismos internos son los núcleos elementales que componen los sistemas, los cuales siguen siendo los **micrófonos**, que son los que capturan las vibraciones de sonido y convierten en una señal eléctrica.

Los **mezcladores**, "gestores" de todo el sistema, y los que se encargan de controlar el volumen y el tono obtenido mediante los micrófonos, así como el otorgar la mezcla de los distintos canales para llevar la señal a sus diferentes procesamientos y a su amplificación mediante las etapas de potencia. Los **procesadores de señal** o "Crossovers", los cuales gestionan las señales a las distintas etapas de potencia de los sistemas de audio complejos.

Las **etapas de potencia** o amplificadores, que son los que aumentan y controlan las señales eléctricas.

Y finalmente los **altavoces**, que convierten una señal de audio eléctrica en vibraciones y las transmite como un sonido.

Los elementos básicos que componen la estructura de un sistema de sonido son:

▸ Micrófonos.
▸ Mezcladores.
▸ Procesadores/Crossovers.
▸ Etapas de potencia.
▸ Altavoces.

5.2 LOS MICRÓFONOS

El micrófono es el primer elemento en toda la cadena de equipos empleados en un sistema de audio y este es quizás el más importante de todos ellos.

Estos se suelen catalogar según su tipología en su construcción, así como el patrón polar. Los más empleados en los directos suelen ser los dinámicos y los de condensador, y quizás rara vez en la actualidad se suelen emplear los de tipo cinta.

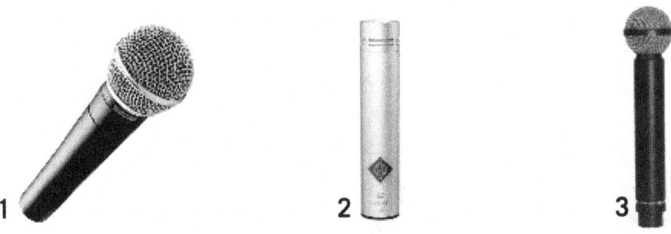

1.Shure SM58, tipo dinámico 2. Neumann KM184, tipo condensador 3. Beyer M160, tipo cinta

Como cualidades tímbricas, los micrófonos se suelen emplear según las características musicales o sonoras en la propia respuesta de estos, sin embargo, también pueden exhibir ciertos tipos de desviaciones controladas en sus respuestas, mediante una enfatización o pico de presencia en un determinado rango de frecuencias. Este suele ser un pico amplio en respuesta de 3 a 6 dB, centralizado aproximadamente en una región concreta, normalmente entre los 2 kHz y 5 kHz o las partes más altas a partir de los 10kHz. Esto tiene el intencionado efecto de agregar algo de claridad a la voz, aumentando de esta manera la inteligibilidad de las palabras.

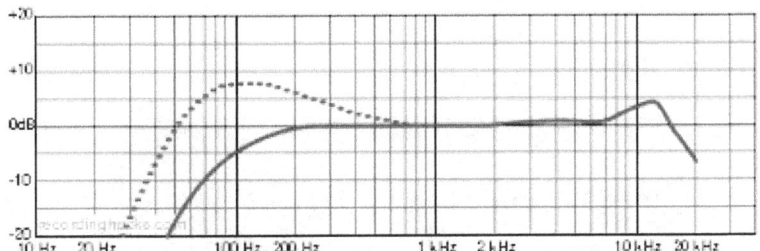

Respuesta en frecuencia de un Neumann KMS105

5.2.1 Clasificación según la tecnología de los micrófonos

En la actualidad y debido a la alta tecnología desarrollada en la fabricación de los micrófonos, es posible fabricar micrófonos con respuesta de frecuencia muy plana a través del rango auditivo del espectro de audio. Algunos micrófonos de **condensador** a menudo exhiben un pico de 8 kHz a 10 kHz. Esto generalmente se debe a la resonancia del diafragma y puede prestar una calidad ligeramente frágil o brillante. Los micrófonos de tipo **cinta** suelen exhibir un pico de presencia y ligero aumento en las bajas frecuencias, generalmente alrededor de 200Hz. Esto les otorga un sonido cálido y con cuerpo. Suelen ser muy populares en las voces como para ciertos instrumentos en los que se necesita "suavizar" su aspereza como podrían ser los instrumentos de metal o las guitarras eléctricas. Los micrófonos **dinámicos** son físicamente resistentes y pueden manejar altos niveles de presión sonora. Por lo que son la opción más común para los sistemas de refuerzo de sonido en directo.

Beyerdynamic M160: Micrófono de Cinta

Por lo tanto, hay que pensar siempre en los micrófonos como herramientas ante las circunstancias o adversidades ante las que nos encontremos a la hora de sonorizar un concierto o evento. No hay que olvidar de que ello no va en relación al valor de estos, ya que muchas veces un micrófono dinámico de reducido precio, puede ser nuestro mejor aliado ante situaciones donde un micrófono de condensador de alta calidad y precio podría darnos muchos problemas a la hora de sonorizar una determinada fuente sonora.

5.2.2 Micrófonos dinámicos

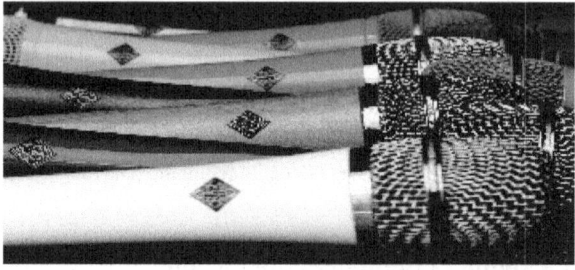

El tipo de micrófono más común empleado en la música en vivo es el micrófono dinámico. Estos poseen un diafragma muy delgado y ligero que se mueve en respuesta a los cambios en la presión del sonido. El movimiento del diafragma hace que se mueva una bobina la cual está suspendida en un campo magnético, generando una pequeña corriente eléctrica. Los micrófonos dinámicos son menos costosos que los micrófonos de condensador (a pesar de que los micrófonos dinámicos de alta calidad pueden ser bastante caros).

PROS:
• Resistentes a altos valores de presión sonora
• Alto rechazo al sonido de ambiente no deseado
• Robustos y resistentes a caídas impactos
CONTRAS:
• Dificultad en capturar en detalle las altas frecuencias
• Precisan de un alto nivel de SPL para generar electricidad
• Presentan efecto proximidad

5.2.3 Micrófonos de condensador

Neumann KM184

El micrófono de condensador es un sistema mecánico bastante simple. Este se basa simplemente en un fino y estirado diafragma conductor que se sostiene cerca de un disco de metal denominado placa posterior. Esta disposición crea un condensador, con la placa posterior recibiendo su carga eléctrica desde una fuente de alimentación externa (alimentación phantom). Cuando el sonido golpea el diafragma, vibra ligeramente en respuesta a la forma de onda. Esto hace que cambie la capacitancia, lo que hace que la tensión de salida varíe. Esta variación de voltaje es la salida de señal del micrófono.

PROS:
• Sensibles a las altas frecuencias
• Requieren de menor SPL
• Amplia tesitura
CONTRAS:
• Más propensos al "feedback"
• Frágiles
• Precio

5.2.4 Patrones polares típicos empleados en el sonido de directo

Omnidirectional	Bidirectional	Cardioid
Supercardioid	Hypercardioid	Lobar

Dependiendo de su diseño y construcción, los micrófonos responden al sonido proveniente de diferentes direcciones con diferentes grados de sensibilidad. Un diagrama o gráfico de esta respuesta se llama patrón polar. El comprobar el patrón polar de un micrófono nos indicará sobre su direccionalidad, así como el rechazo del sonido que presenta en ciertas direcciones. La mayoría de los micrófonos y según sus gradientes de presión se suelen dividir en dos categorías: Micrófonos unidireccionales u omnidireccionales.

5.2.5 Micrófonos de patrón polar cardioide

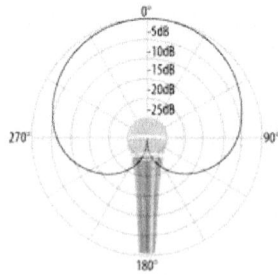

Estos presentan un lóbulo de captación en forma de corazón, siendo muy aptos para el sonido en directo. Presentan un amplio rechazo a la retroalimentación. Suelen ser los más empleados y su comportamiento suele ser muy familiar para casi todos los profesionales.

PROS:
• Reacios al "feedback" (acople)
• Respuesta en frecuencia familiar
• Robustos y resistentes
CONTRAS:
• Presentan efecto de proximidad
• Precisan presión sonora para mover su membrana
• Sufren desgaste y degradación de calidad con el tiempo

5.2.6 Micrófonos supercardioides

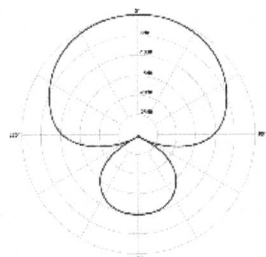

El patrón polar supercardioide es un patrón polar de micrófono altamente direccional. Son más direccionales que los cardioides, pero tienen un lóbulo posterior de sensibilidad con puntos nulos a 127 ° y 233 ° (cono de silencio). Una diferencia de 10 decibelios en la sensibilidad entre la respuesta en el eje de 0 ° y las respuestas laterales del patrón polar supercardioide son unas de las razones por las cuales este patrón es tan altamente direccional.

PROS:
• Altamente direccionales
• Gran rechazo del sonido de ambiente
• Resistente a la retroalimentación
CONTRAS:
• Requieren de un correcto posicionamiento de los monitores en el escenario
• Precisan de una consistente distancia del micrófono
• Tienen que permanecer en una constante orientación

5.2.7 Micrófonos Hipercardioides

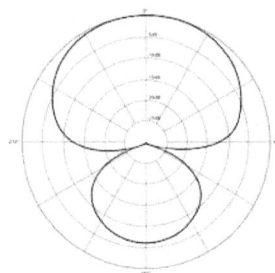

Un micrófono hipercardioide tiene un patrón polar muy direccional. Básicamente este patrón polar posee una figura de captación entre un patrón polar cardioide y uno bidireccional.

Como micrófono de escenario, puede sernos de gran ayuda para prevenir la retroalimentación en los monitores de los músicos, ya que nos permiten un mayor margen en la apertura de la ganancia de nuestro previo, antes de que comience a acoplarse con los monitores del escenario.

PROS
• Alto rechazo del sonido externo respecto a su eje de captación
• Permiten abrir más la ganancia antes de la retroalimentación
CONTRAS
• Presentan efecto de proximidad
• Sensible a las explosiones vocales

5.2.8 Micrófonos de patrón polar Onmidireccional

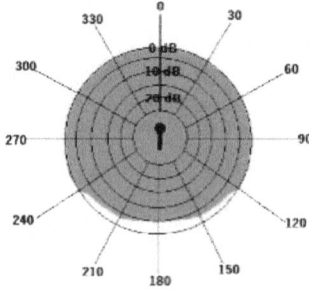

Omnidirectional Polar Pattern

Suelen emplearse en situaciones donde haya varias personas y no existan micrófonos singulares para cada individuo. También para secciones de coros o en conferencias. Los micrófonos omnidireccionales captan el sonido con la misma ganancia y sensibilidad desde todos los lados o direcciones del micrófono. Al operar mediante estos, hay que aproximar estos a la fuente sonora, ya que captan también mucho del sonido ajeno proveniente de otras partes quizás no deseadas en nuestra sonorización.

PROS:
• No presentan efecto de proximidad
• Ganancia de sonido uniforme en los 360° de la membrana
CONTRAS:
• Propensos al feedback en los directos
• Alta captación del sonido de sala o ambiente

5.2.9 Micrófonos de patrón polar de figura 8 o bidireccionales

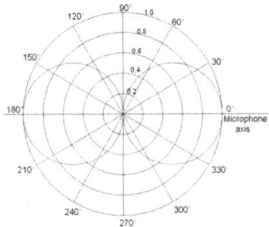

Los Micrófonos bidireccionales poseen su sensibilidad de captación tanto en la parte de enfrente como en la trasera, con un alto rechazo en los laterales. A pesar de que estos pueden resultar no ser muy interesantes en su uso en los directos, estos pueden emplearse en diversas técnicas microfónicas como Mid/Side o técnicas Blumlein estéreo. También resultan muy útiles en situaciones donde dos ponentes estén situados el uno enfrente del otro como pueden ser programas de radio o televisión o lecturas en universidades, ya que, mediante el uso de un solo micrófono, podemos captar dos distintas fuentes sonoras.

PROS:
• Sensibilidad uniforme tanto detrás como en la parte frontal
• Alto rechazo en la captación de sonido a través de los ángulos laterales
CONTRAS:
• Sufren de un elevado nivel de efecto de proximidad
• Sensibles a las explosiones de la voz

5.2.10 PZM (Pressure zone microphones)

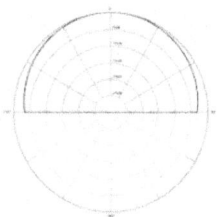

El patrón polar del micrófono PZM es una especie de patrón hemisférico cuando este es posicionado en el suelo, una pared o el techo. Este requiere de una de una superficie plana (límite) para eliminar los reflejos traseros y funcionar correctamente. Este patrón polar especifico, puede tener una cápsula con cualquier patrón polar estándar. El límite cercano elimina efectivamente los reflejos traseros que de otro modo causarían problemas de fase con un micrófono colocado cerca de una superficie. Esto permite que el micrófono de límite / PZM tenga un patrón polar prácticamente hemisférico. Suelen ser muy empleados en conferencias, debido a su discreta apariencia. También para capturar el baile o zapateado de los bailadores. En los interiores de los bombos de las baterías, así como los pianos u órganos leslie.

PROS:
• Poseen buena coherencia de fase
• Consistente calidad de tono alrededor de todo el micrófono
• Resistente a altas presiones sonoras
• Sonido natural
CONTRAS:
• Uso especifico y limitado debido a su diseño
• Pocos modelos en el mercado
• Requiere de una superficie plana para su uso

5.2.11 Micrófonos inalámbricos

Empleados más comúnmente en aplicaciones de sonido en vivo, un sistema de micrófono inalámbrico permite a los artistas y presentadores moverse libremente por el escenario, sin la restricción que conlleva el estar supeditados a un cable de micrófono.

Estos permiten llevar señales de audio desde el escenario hasta el sistema de sonido sin la necesidad de usar cables. Básicamente los dos principales componentes de un sistema inalámbrico son los **transmisores**, los cuales permanecen en el escenario cerca de los músicos o artistas; y los **receptores**, que captan el sonido de los transmisores y generalmente permanecen cerca del control del mezclador de monitores en el escenario.

5.2.12 Clases de micrófonos inalámbricos en los directos

Al elegir un micrófono inalámbrico para la actuación en vivo, hay una serie de factores a considerar. A parte de la buena calidad de sonido, hay otros factores igualmente importantes como:

▶ Deben ser cómodos y fácil de sostener mientras se utilizan.

▶ El micrófono debe ser resistente y fiable para resistir los rigores del desempeño en vivo, así como el transporte en los trayectos y viajes.

▶ Debe tener buena resistencia a la retroalimentación.

▶ Debe ser capaz de manejar altos niveles de presión sonora (SPL).

Micrófonos de mano con transmisores incorporados

Micrófonos de auriculares con transmisores bodypack

Micrófono lavalier con transmisor bodypack

Micrófonos de instrumentos y sistemas de guitarra

5.3 INTERPRETACIÓN DE LAS CARACTERÍSTICAS, VALORES Y ESPECIFICACIONES TÉCNICAS DE LOS MICRÓFONOS

Al observar las especificaciones técnicas de los micrófonos, encontraremos modelos descritos como "baja impedancia" o "alta impedancia". La impedancia se refiere a la cantidad de resistencia que ofrece un dispositivo en el flujo de una señal de corriente alterna como el audio, y esta se mide en ohmios. Al referirse a los micrófonos, la baja impedancia es menor a 600 ohmios y la alta impedancia generalmente es mayor a 10.000 ohmios. Los micrófonos de baja impedancia pueden transmitir señales durante cientos de metros sin apreciar cambios en su señal. Es esta una de las razones por las que la mayoría de los sistemas de sonido se basan en micrófonos de baja impedancia.

5.3.1 Sensibilidad

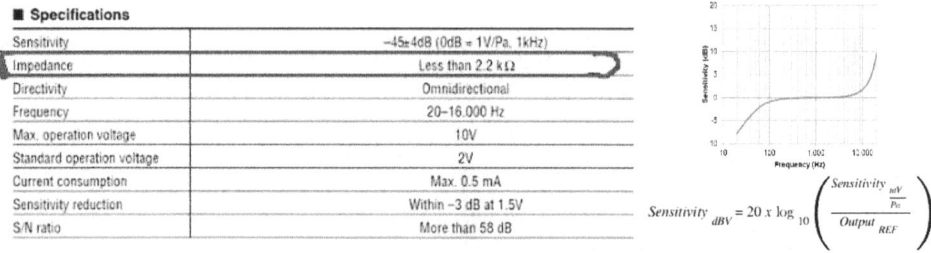

La sensibilidad del micrófono es la cantidad de salida (valor de energía eléctrica) para una entrada dada (valor de energía acústica). La entrada es el nivel de presión de sonido en el diafragma del micrófono. Al medir la sensibilidad del micrófono, se usa un tono estándar de 1 kHz con un nivel de presión acústica de 94 dB SPL o 1 Pascal.

5.3.2 Impedancia

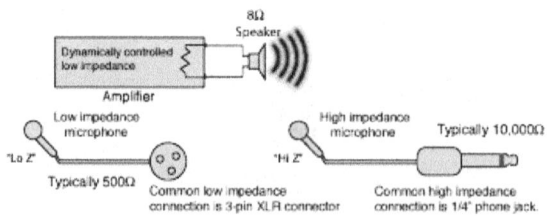

La impedancia controla el flujo de la señal de audio. Las señales de micrófono pueden considerarse como voltajes de corriente alterna (CA). La impedancia es la resistencia de CA de los voltajes de la señal de audio y se mide en ohmios (Ohms). Para que una señal de micrófono se transmita óptimamente, la impedancia de salida del micrófono debe coincidir con la impedancia de entrada (impedancia de carga) de su preamplificador de micrófono.

5.3.3 Directividad

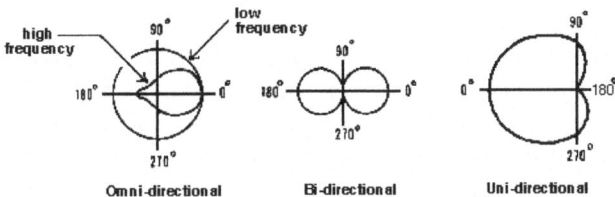

Generalmente, el patrón de sensibilidad según la dirección de un micrófono es representado mediante un diagrama polar donde la longitud del radio en cualquier dirección ofrece los valores de decibelios en la respuesta de un micrófono. Por lo general, esta respuesta se mide para varias frecuencias, cuyos resultados se pueden combinar en un solo diagrama, ya que en muchos casos es deseable una uniformidad de respuesta en un amplio rango de frecuencias. Estos diagramas también pueden indicar las características direccionales de la radiación acústica de cualquier fuente de sonido, incluidos los altavoces.

5.3.4 Respuesta de frecuencia

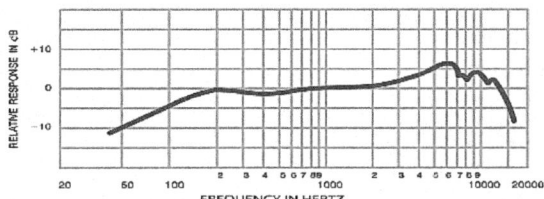

Esta suele representarse en una gráfica en plano horizontal lineal. Si un micrófono tiene una respuesta de frecuencia plana ideal, significa que es equitativamente sensible a todas las frecuencias en su rango. Mediante esta, los fabricantes también especifican una representación visual de sensibilidad específica de frecuencia a lo largo del espectro de las frecuencias audibles.

5.3.5 Relación señal/ruido (S/N ratio)

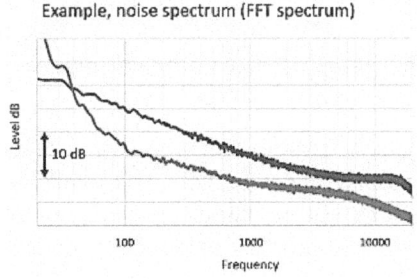

Este es el valor débil de ruido generado principalmente por los circuitos activos dentro de los micrófonos. Todos los micrófonos tienen ruido propio. El propio ruido de algunos micrófonos es prácticamente insignificante, mientras que otros micrófonos son evitados ante situaciones silenciosas debido a sus niveles de ruido excesivamente altos. Los micrófonos activos contienen componentes electrónicos que agregan un considerable "ruido propio" a la señal del micrófono, que se calcula como la especificación de ruido propio. Factores como el movimiento browniano y el ruido térmico también agregan ruido propio en menor medida.

5.3.6 Otros valores

- ▼ Máximo voltaje operacional.
- ▼ Voltaje estándar operacional.
- ▼ Principio operacional.
- ▼ Consumo de corriente.
- ▼ Sensibilidad de reducción.
- ▼ Suspensión del campo magnético.
- ▼ Atenuación trasera a 1kHz.

5.4 ¿QUÉ MICRÓFONO DEBEMOS DE EMPLEAR?

Tal y como de manera brevemente y resumida hemos visto, cuando queremos escoger un micrófono adecuado para nuestras necesidades, hay una serie de factores lo cuales debemos considerar. Probablemente son los micrófonos unidireccionales los que se suelen utilizar en la mayoría de las aplicaciones, ya que estos son muy aptos para aislar las fuentes de sonido y evitar la retroalimentación. Si nos encontramos en el control de los monitores de escenario, la mejor opción a emplear es la de los micrófonos con patrones de captación más ajustados como los supercardioides o los hipercardioides, para que de esta manera podamos obtener un mayor margen de ganancia antes de la retroalimentación.

El tipo de instrumento que debamos microfonear, el entorno acústico donde nos encontremos sumados al sonido que se quiera conseguir, son los factores que nos indicaran si necesitamos la respuesta de frecuencia de un micrófono de condensador, un micrófono dinámico o si bien debemos de emplear un sistema inalámbrico o de diadema entre los muchos modelos de micrófonos disponibles en la actualidad por parte de las distintas marcas fabricantes de sistemas de micrófonos.

Para las mediciones y ajustes, se suelen emplear micrófonos de patrón polar Omnidireccional, ya que nos interesa tanto el sonido directo como el difuso. A pesar de que se pueda pensar de que este se comporta de manera equitativa en todas las direcciones. Incluso los mejores micrófonos de medición con patrón polar omnidireccional se comportan de manera direccional ante algunas longitudes de onda de determinadas frecuencias. Se requieren de al menos 4/5 micrófonos para poder realizar una óptima medición del sistema de sonido. Un ejemplo de algunos de los puntos de medición:

1. Eje horizontal/vertical
2. Lado izquierdo horizontal
3. Lado derecho horizontal
4. Parte superior vertical inferior vertical

5.5 LOS MEZCLADORES

Midas Heritage-D HD96

En el mundo del sonido de los directos, ya sea analógico o digital, de pequeño o gran tamaño, cada mezclador tiene el específico trabajo de tomar la señal de múltiples fuentes, combinarlas y enviar las señales a uno o más destinos. La forma exacta en que realizan estas funciones puede variar y los diseños y las capacidades difieren mucho de un mezclador a otro en base a los precios o necesidades. Sin embargo, los principios siguen siendo los mismos: un mezclador combina esencialmente las señales de sus fuentes, como un micrófono o un instrumento de línea, las procesa para producir un equilibrio y una calidad aceptables, y pasa la mezcla resultante a un sistema de sonido o cadena de difusión, o sistema de grabación. Por lo tanto, la mayoría de las consolas de mezcla son en realidad mezcladores múltiples porque proporcionan más de una sola señal de salida combinada.

Sistema eMOTION LV1 de Waves

La forma en que cada mezclador logra este objetivo puede variar, y los diseños y las capacidades difieren mucho de un mezclador a otro. Si bien las similitudes pueden ser mayores que las diferencias, es importante tener en cuenta las diferentes características tanto de los mezcladores analógicos y digitales y cómo estos tienen una particular funcionalidad para cada una de las especificas aplicaciones del sonido en directo.

Las consolas o mezcladores de directo vienen en una variedad de tamaños y capacidades en base a los precios. Algunas de las principales consideraciones a tener en cuenta son:

1. ¿Digital o analógico?
2. Número de canales/buses de salida
3. ¿Conexiones internas o separadas?
4. Número de envíos auxiliares y salidas
5. Protocolo de conexionado
6. Expansiones de monitores personales
7. Integración de control inalámbrico
8. Salida a grabación DAW
9. Cantidad y tipos de "slots" de expansión
10. Conexión a internet
11. Tamaño de la pantalla (En las digitales)
12. Calidad de los previos
13. Calidad en los convertidores AD/DA (Digitales)
14. Reloj interno (Clock)

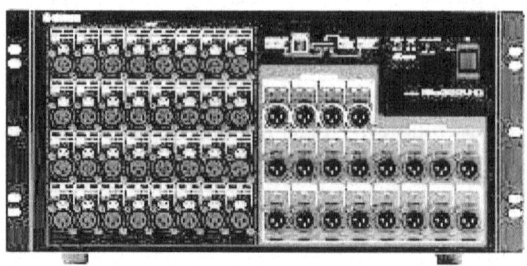

Sistemas como el Rio de Yamaha pueden llegar a ampliarse hasta llegar a 8 unidades, con un total de 256 canales de entrada en un mezclador como una Yamaha CL5.

5.5.1 Funcionalidad e idiosincrasia de un mezclador

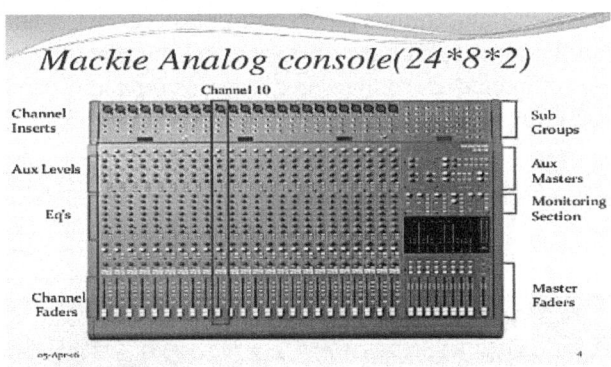

Como me refería con anterioridad, el mezclador es el gestor de todo nuestro sistema de sonido, podríamos referirnos a él como la base operacional de los distintos procesos. Es donde todas sus entradas (micrófonos, instrumentos, FX, etc.), se controlan, procesan y se rutean a las distintas salidas. En la actualidad y en los mezcladores digitales, prácticamente cada fabricante posee un diferente y exclusivo diseño en las interfaces de estos, pero prácticamente todos cumplen y comparten un diseño de enrutamiento común.

En los sistemas de directo, la mayoría de ellos suelen tener de 8 a 42 canales en eventos de pequeña a mediana escala, y un mayor número de canales mediante largos formatos de mezcladores en los grandes eventos o festivales. La mayoría de ellos tienen algunos subgrupos, salidas estéreo "principales" y múltiples salidas auxiliares para los monitores de escenario/sistemas "in ear", efectos externos, configuraciones de subgraves o de los distintos arreglos en los diseños de los sistemas de PA.

Módulos de canal y buses de un mezclador analógico Cadac Live 1

En cuanto al ruteo de la señal, todos los mezcladores comparten una similar estructura. El primer paso es la señal de entrada de una fuente de línea o micrófono se envía a través de un buffer de línea o amplificador de micrófono donde el nivel de señal está optimizado para el rendimiento de margen y de ruido adecuados. Después de eso, pasa a través del ecualizador del mezclador antes de llegar al fader del canal. Las salidas auxiliares generalmente se ubican inmediatamente antes o después del fader, así como puntos de inserción donde la señal puede extraerse del mezclador, procesarse a través de otro dispositivo, como efectos, compresores externos o puertas de ruido, para luego retornar y continuar a través del mezclador.

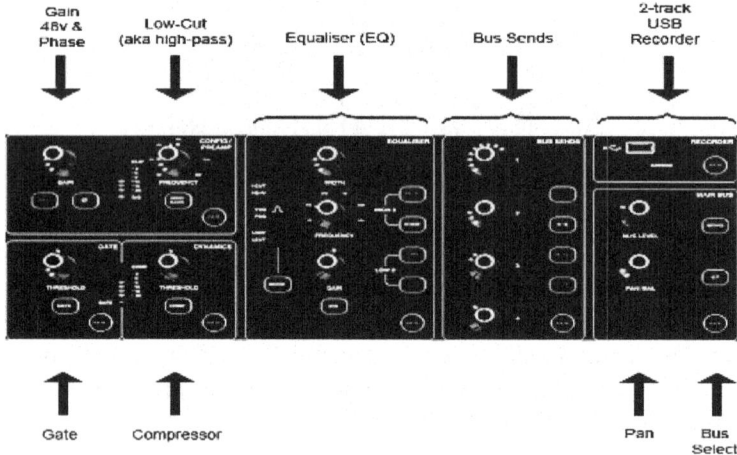

Channel strip en un mezclador digital Midas M32

Una vez hecho esto, la señal se mueve a las salidas o grupos disponibles según sea necesario. En el caso de este último, puede haber una fase de ecualizador adicional en los grupos antes de que la señal llegue al fader, y un enrutamiento adicional a las salidas principales del mezclador. El motivo de la capacidad de agrupación es facilitar el control de una gran cantidad de señales a la vez o permitir que un único procesador de señales trabaje en varias señales de canal simultáneamente. Básicamente y en términos simples, esta es la manera de cómo funcionan los mezcladores.

Es altamente recomendable el disponer siempre de un subsistema de mezclador de "Backup". Ya que no hay que olvidar que, ante los actuales sistemas digitales, está siempre esa 1 entre 100 de probabilidad de que el mezclador falle (son ordenadores diseñados/fabricados por humanos). Y ya sabéis toda aquella célebre frase que dice "Murphy aparece cuando menos te lo esperas".

5.5.2 El preamplificador

Preamplificador Midas 501

Tras la captura de la señal por parte de los micrófonos, es el preamplificador el siguiente elemento de la cadena de audio, el cual pose una relevante importancia en toda la cadena del audio. El diseño de un preamplificador de micrófono es un fuerte indicador del sonido y el carácter de toda la mesa de mezclas, y cualquier pérdida y calidad en esta etapa inicial nunca se puede recuperar, la cual cosa que hace, el que los preamplificadores sean muy importantes. Dicho esto, el trabajo del preamplificador de micrófono es bastante complejo, ya que debe de proporcionar una cantidad suficiente de ganancia de señal, y al mismo tiempo mantener el ruido de fondo en un mínimo absoluto. También debe tener una gran cantidad de headroom para que los picos inesperados no causen sobrecargas. A la misma vez, este tiene que preservar todos esos pequeños matices sutiles de la forma de onda capturada por el micrófono, desde la frecuencia más baja hasta la más alta, así como un amplio rango de volumen.

5.5.3 ¿Qué mezclador escoger?

Se podría decir que, en la actualidad, prácticamente son los mezcladores digitales los equipos más utilizados a nivel mundial. Dada su gran practicidad/flexibilidad, así como su gran evolución en cuanto a la calidad de sonido, estos son la primera opción para las giras, espectáculos y eventos de los artistas y profesionales. Existen en el mercado mucha variedad y opciones según las necesidades y precios. Los hay con un diseño en su interface y software que los hacen muy intuitivos y fáciles de manejar por casi todo profesional a pesar de no haberlos utilizado previamente, hasta los más complejos y no tan deducibles y "amigables" en su manejo y en los que se necesita haber pasado un curso o seminario para aprender a trabajar con ellos. Este sigue siendo uno de los debates y división entre muchos de los actuales ingenieros de sonido. Donde muchos aún siguen reverenciando a los antiguos mezcladores analógicos por sus prestaciones y excelentes cualidades sónicas. Contrariamente los hay que ni siquiera se les pasa por la cabeza el querer regresar a los antiguos sistemas de mezclas analógicos debido a su poca practicidad, peso, grandes dimensiones o por el simple hecho de no poder almacenar las memorias de las escenas de los shows. Cada tecnología sigue teniendo aún su espacio en los diferentes escenarios que se presentan en un determinado espacio de sonorización, y donde aún existe algo de mercado para los mezcladores analógicos.

5.5.4 Mezcladores analógicos

Midas XL4

Para empezar, tienden a costar menos que los mezcladores digitales, particularmente en el rango medio de precios. Un modesto mezclador analógico puede manejar de manera confiable una amplia gama de aplicaciones de refuerzo de sonido. El flujo de señal incluso en mezcladores analógicos a gran escala es bastante simple, con entradas cableadas a los canales correspondientes. Todo el procesamiento de canales está literalmente en línea entre la ganancia de entrada y el fader de salida, y ajustar los ecualizadores de canal o ajustar los envíos es tan fácil y accesible como alcanzar y tomar el control de cualquier canal que necesitemos modificar. Son los ingenieros de sonido más veteranos los que aprecian el rápido acceso visual que proporcionan todos estos controles individuales, lo que les permite evaluar y solucionar problemas de flujo de señal muy rápidamente. Algo incuestionable es que una vez un profesional aprende el manejo de un concreto modelo de mezclador analógico, este puede pasar a otro con poca o ninguna curva de aprendizaje. Los mezcladores de sonido analógico en vivo son perfectos para aplicaciones de refuerzo de sonido modestas e incluso a gran escala, pero sus limitaciones se hacen evidentes cuando se trata de plataformas de gira y espectáculos técnicamente exigentes. Si bien el flujo de señal en un mezclador analógico es simple, también es relativamente inflexible, lo que a menudo requiere la adición de sistemas de conmutación y patchs extras de conexión. Del mismo modo, el procesamiento de señal integrado limitado o inexistente puede significar complementar su mezclador con un estante lleno de compresores externos, efectos y ecualizadores gráficos. Dada la gran voluminosidad de los grandes mezcladores analógicos, y el simple hecho de tener que también llevar equipo externo hacen que viajar con un sistema de mezclador analógico sea un inconveniente. En la actualidad tan solo algunas pocas bandas y artistas los cuales bien suelen girar con sus propios sistemas o estos solicitan explícitamente dichos equipos en todas sus actuaciones, son los que, debido a su calidad de sonido, siguen requiriendo y hacen uso de los mezcladores analógicos.

Hay que también destacar, que los mezcladores analógicos son más susceptibles a los factores ambientales, como faders polvorientos, suciedad, así como alteraciones en las ganancias o los buses, lo cual puede introducir ruido a toda la cadena de un sistema de audio.

PROS
• Sonido
• Intuitivas
• Rápido acceso
• Total, visualización de los controles
• Presentan configuraciones alternativas frente a fallos de canales o buses
CONTRAS
• No suelen tener recall de escenas o configuración
• Peso y dimensiones
• Precisan más personal en el montaje
• Requieren de racks de outboard y procesadores externos

5.5.5 Mezcladores digitales

En comparación con los mezcladores analógicos, los mezcladores de sonido digital en vivo son extremadamente flexibles y compactos. Al sustituir los chips de procesamiento de señal digital en lugar de circuitos analógicos costosos y voluminosos, los mezcladores digitales pueden proporcionar ecualizadores de canal sofisticados y dinámicas en línea, así como efectos y procesamiento de salida como ecualizadores gráficos. Además de ser generalmente menos ruidoso que la tecnología de mezcla analógica, la mezcla de audio digital brinda opciones avanzadas de enrutamiento y asignaciones de agrupación. Dado que las entradas no están físicamente vinculadas a canales individuales, estas pueden controlar una gran cantidad de canales de entrada a través de un puñado de faders organizándolos varias capas. Gracias a los protocolos de audio de red como AVB y Dante, ampliar su plataforma con cajas de escenario digitales y sistemas de monitores personales es una opción en muchos de los sistemas de mezcla digitales. Estos mediante el control de Wi-Fi pueden permitir a los profesionales y a los artistas en el escenario ajustar mezclas y configuraciones desde dispositivos móviles. Además, de la capacidad de copiar, guardar y recuperar configuraciones o ajustes en las escenas, especialmente cuando trabajamos o se gira con una misma banda.

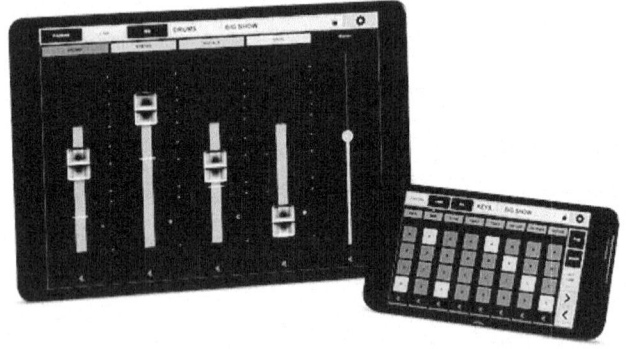

Sistema personal de mezcla de monitores para músicos "My Mon app" de Waves

Uno de los grandes inconvenientes y donde ya se está trabajando en muchos de los actuales modelos del mercado es en la limitación y capacidad de ajustar o ver la configuración de un canal a la vez. Aunque los mezcladores digitales modernos ofrecen formas innovadoras de acelerar su flujo de trabajo, tener que seleccionar cada canal que desea editar puede resultar algo "engorroso" y limitante si no se está acostumbrado. Del mismo modo, los faders en capas y otros controles en profundidad requieren de cierta familiaridad con cada modelo de mezclador para acceder, ya que cada modelo de fabricante presenta un entorno e interfaces de trabajo diferentes.

Hay que indicar que en grandes eventos donde existan una gran responsabilidad es altamente recomendable el poseer un sistema de backup ya que no hay que olvidar que estos no dejan de ser ordenadores los cuales gestionan DSP, y como todo profesional debería de saber, estos pueden dejar de funcionar o fallar. Otro de los hándicaps presentes en los mezcladores digitales y al contrario que ocurre con los mezcladores analógicos, estos suelen desfasarse rápidamente, estando obligados a adquirir actuales modelos los cuales son requeridos en los riders de las bandas o artistas.

PROS
• Total recall
• Procesadores de señal integrados
• Posibilidad de ampliar y actualizar los sistemas
• Reducidas dimensiones
CONTRAS
• Questionable calidad de los conversores AD/DA en algunos modelos
• Latencia
• Sonido
• Efectos

5.5.6 Modus operandi y estructura de ganancia de nuestro mezclador

Uno de los errores más grandes y comunes que se siguen realizando a la hora de las sonorizaciones es el configurar una mezcla desde los preamplificadores y luego mezclar nuevamente desde los faders o los envíos auxiliares. Este es un error muy común sobre todo en los profesionales que provienen de los estudios de grabación y pasan a trabajar en los directos, así como algunos de los amateurs que se inician en la profesión.

Hay que pensar en la señal como si fuera "un caudal de agua", donde si nos quedamos cortos, el agua no circula debidamente por todas las canalizaciones y donde, si lo contrario nos pasamos, esta termina desbordándose descontroladamente.

5.5.7 Pasos para ajustar la estructura de ganancia del mezclador

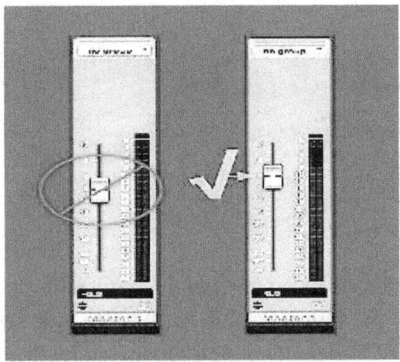

Nivel incorrecto en el canal de la izquierda y nivel correcto en el de la derecha

1. Configurar el fader a ganancia unitaria (0) (esto es una medida de referencia de lo que equivaldría a +4dBu) y luego abrir y rotar el preamplificador de micrófono hasta que la entrada esté en un nivel de funcionamiento nominal ideal.

En la actualidad, la mayoría de los mezcladores incluyen un indicador o medidor de referencia (generalmente un LED denominado Peak o Clip) para indicar cuándo una señal de pico traspasa un umbral justo debajo del recorte (clipping).

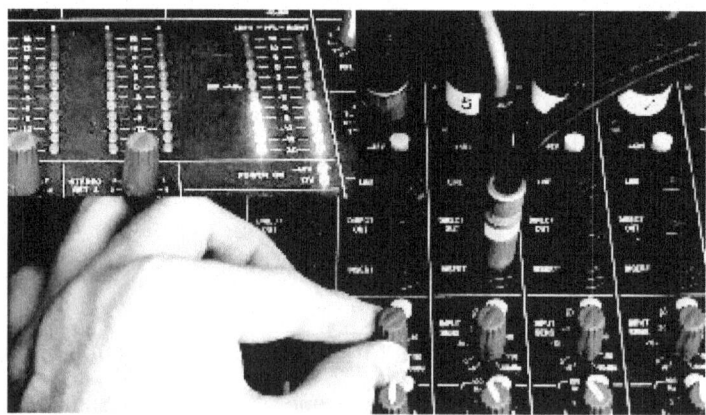

2. Subir el preamplificador de micrófono hasta que la luz indicadora parpadee en los picos más altos y luego bajar la ganancia en aproximadamente hasta el valor de unos -15dB. Esto asegurará una señal fuerte y sólida, al tiempo que proporciona un amortiguador de espacio libre adicional para evitar el "clipping" si aumentamos un poco el ecualizador o se sufren posibles golpes de transitorios inesperados.

3. A partir de ahí, podemos usar los faders para reducir el volumen innecesario, reduciendo de esta manera el ruido a medida que estamos mezclando y no aumentar este. Esta es la manera de mantener siempre un óptimo y controlado nivel de señal/ruido, así como un flujo de señal estable en toda la cadena de nuestro sistema de audio.

5.6 ALGUNAS FUNCIONALIDADES DE LOS MEZCLADORES

A pesar de lo práctico que puedan resultar ser los mezcladores digitales, en la actualidad muchas de las grandes bandas o artistas consagrados optan por los mezcladores analógicos en el sonido en directo. Incluidos aquellos que, durante algún tiempo, optaron por un controlador digital, han acabado adquiriendo posteriormente un mezclador analógico. He aquí otros de los hechos vigentes, y lo que confirma una vez más, que el sonido del equipo analógico, sigue siendo muy apreciado entre los profesionales.

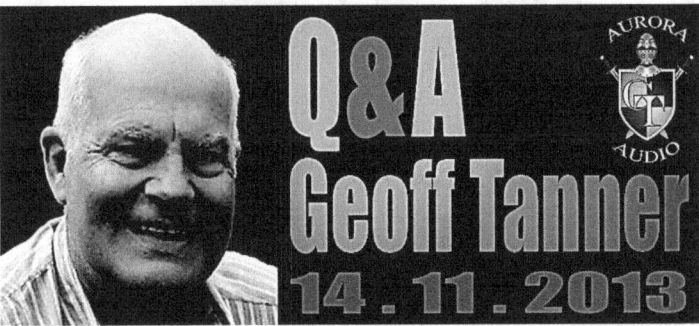

Mr Geoff Tanner propietario de Aurora Audio

Recientemente quise preguntar a Mr Geoff Tanner sobre su opinión acerca de los actuales mezcladores respecto a los antiguos, Geoff Tanner, como todos sabréis trabajó muchos años en Neve y posteriormente por allá el año 1996 creó la empresa Aurora Audio, Geoff es también, toda una eminencia en cuanto a construcción de equipos. Como ejemplo personal Mr Tanner me expuso un peculiar dato:

"Te pondré un ejemplo del progreso y evolución de lo que son los actuales mezcladores actuales". (Geoff trabaja con transformadores y circuitería clase A).

"Recientemente presté mi mezclador sidecar a un músico que estaba grabando en el estudio C de Capitol Records en California, dicho estudio tiene una 72 channel AMS-Neve 88R. Estos cogieron la señal estéreo de la Neve 88R a la entrada de mi Aurora sidecar d-sub, luego estos cogieron la salida de la señal estero de mi mezclador Aurora sidecar junto a los 72 canales de la Neve 88R, ya que estos consideraron que la salida del bus estéreo mi pequeño mezclador tenía mejor sonido que la salida del bus estéreo del mezclador de 72 canales de 250.000$. Este es un claro ejemplo de la evolución de los mezcladores actuales en cuanto a sonido y calidad en los componentes."

Dirigiéndonos a la práctica del asunto, que es lo que queremos saber, tendremos que plantearnos que mezclador escoger, adaptando este al que más se adapte a nuestras necesidades y dinámica de trabajo.

5.6.1 Algunas de las funciones que encontramos en los módulos de los mezcladores (Channel strip)

Mic/line switch

Es un selector para adaptar el nivel operacional y la sensibilidad de la señal al mezclador. Para trabajar con bajos niveles de señal provenientes de la microfonía, tendremos que seleccionar la entrada de "Mic". Por lo contrario, para las entradas de línea y adaptar el alto nivel de señal de esta, habrá que seleccionar "line" en el switch del mezclador.

Gain

Es el primer potenciómetro que nos encontramos y el que controla el flujo de señal, podríamos vulgarmente describirlo, como el grifo del agua que circula. Es importante que tengamos siempre un control óptimo de este, ya que nos determinara el margen de actuación de la señal de la que dispondrá el mezclador para trabajar.

Trim

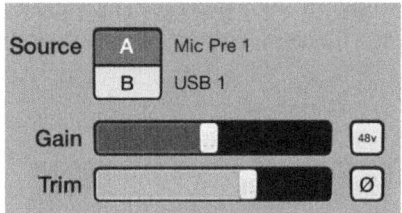

El control Trim funciona de manera similar que el gain, excepto que es completamente digital y ocurre después de la conversión de analógico a digital. Toda la "ganancia" adicional que está sumando o restando es puramente unos y ceros. Esta función resulta de gran utilidad cuando nos encontramos realizando mezclas vía wifi. Cabe recordar que el trim está situado después de la etapa de ganancia analógica, por lo que, si existe saturación o exceso de nivel en esta, el trim no puede solucionarlo.

Filtro pasa altos

Es un filtro con una frecuencia de corte establecida por el fabricante. Suelen estar establecidos a 80Hz en la mayor parte de mezcladores, y en algunos otros con selección de corte típica desde 20Hz a 120Hz

Inversor de polaridad (etiquetado como fase)

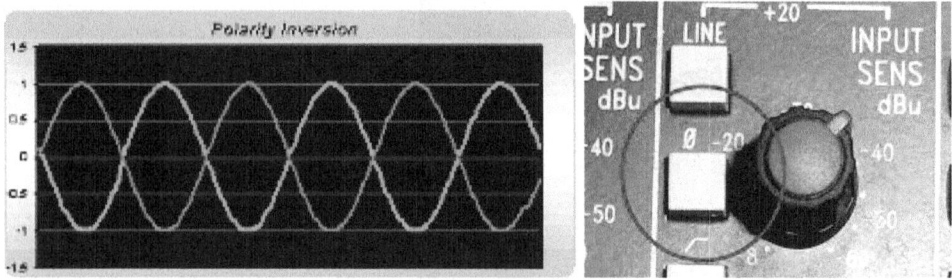

Se trata de un switch que invierte la señal original desde + 180 grados invirtiéndola a − 180 grados, siendo muy útil cuando disponemos de varias tomas simultaneas realizadas a diferente distancia de la fuente sonora, especialmente a la hora de grabar baterías empleando técnicas de multimicrofónia, así como otras grabaciones donde se empleen más de 1 micrófono en ellas. Alineando entre si, las posibles distancias entre señales.

Phantom switch (+ 48 v)

Aplicándolo, alimentaremos a micrófonos de condensador o cajas de inyección que requieran de esta alimentación, teniendo mucho cuidado en no aplicarlo a algunos modelos de micrófonos de cinta (ribbon) ya que podríamos degradar a estos. Con los micrófonos dinámicos no correríamos ningún tipo de riesgo.

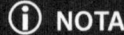

ⓘ NOTA

Algunos mezcladores, poseen un único switch de phantom para todos los canales.

Filtros de ecualización

Ecualizador del fabricante Solid State Logic

En la mayoría de los mezcladores profesionales, encontramos ecualizadores paramétricos totales. Estos son filtros que abarcan todo el espectro audible del audio. Los controles de estos son:

▶ Selector de frecuencia: mediante este potenciómetro, seleccionaremos la frecuencia a elegir, ya sea para incrementar o restar su valor.

▶ Margen de ancho de banda (factor o factor Q): mediante este control, eligiremos el ancho de barrido de frecuencia aplicando filtros notch o peak para su actuación.

▶ Gain de frecuencia: mediante este, incrementaremos o atenuaremos la ganancia de la frecuencia que queremos atacar.

Envío a auxiliares

Dependiendo del tipo y dimensiones de mezcladores, estos poseen un mayor o menor número de envíos. Todos ellos van direccionados a un potenciómetro master que es el que entrega la suma de los envíos en los correspondientes canales. Suelen utilizarse para los envíos a diferentes unidades de efectos, así como las mezclas de monitores o auriculares para los músicos, durante una grabación o directo. Pueden ser pre o post fader, seleccionando el pulsador que la mayoría de los mezcladores tienen al lado del respectivo envío.

Input Trim
A detented trim pot allows for +/-10dB adjustment of the Input Channel

Input Select
Selects between Tape, Line and Buss inputs

Phase Reverse
Rotates phase 180 degrees at the input

Group Send Select
Sends the output signal of the channel strip to any of the 8 Groups and the Stereo Buss

Aux 7/8
Dual Mono sends with non detented level pots, mute and pre/post fader selection

Aux Mute
Hard Mutes the Aux signal

Pre/Post Select
Selects whether the aux sends are derived pre fader or post fader

Aux 5/6
Dual Mono or Stereo sends with a detented Level/Pan pot. and non-detented Level pot, Mute, pre/post, and ATG

Aux 3/4
Dual Mono or Stereo sends with a detented Level/Pan pot. and non-detented Level pot, Mute, pre/post, and SFP

Aux to Group
Routes the Aux 5/6 signal to the groups selected in the Group section

Send Follows Pan
Disables the Aux 3/4 Pan and pans the aux 3/4 signal according to the Channel Pan

Aux 1/2
Dual Mono or Stereo sends with a detented Level/Pan pot. and non-detented Level pot, Mute, pre/post, and SFP

Channel Pan
Detented pot sends the Channel signal Left(or to odd groups) or Right(or to even groups) such that center is at -3dB on both sides

Channel Pan Engage
Engages the Pan for Stereo, Solo and Group outputs

Channel Solo
Routes the output signal to the Stereo Solo Buss. When an overload is present the button will light red.

Channel Mute
Soft mute for the channel signal

Channel strip de los auxiliares de un mezclador analógico Rupert Neve Design 5088

Panorama: (Pan pot)

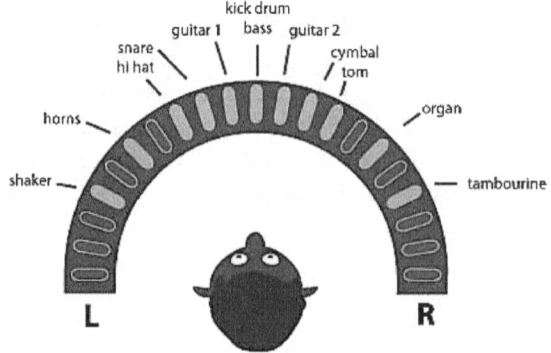

El panorama, nos permite dar un espacio en la imagen estéreo, cuadrafónica o sorround de la mezcla. Permitiéndosenos así el posicionar cada sonido en un espacio diferente creando así, una imagen sonora en la mezcla.

Fader de canal (fader channel)

El deslizador o fader, no es más que una resistencia, que aumenta o incrementa el valor de señal según su posición. Por lo tanto, disponemos por canal, dos maneras de incrementar la señal, una es mediante el input gain, y la otra mediante el fader de canal. De esta manera ajustaremos un nivel óptimo de trabajo mediante el gain, y posteriormente controlaremos su valor mediante el fader de canal del mezclador.

Pfl o cue

Pre fader listening, es un pulsador para monitorizar la señal antes de que esta llegue a los faders. Normalmente disponen de un led para indicar si este está activo, y nos servirá a la vez, para visualizar el nivel de señal en los vumeters, permitiéndonos un correcto ajuste de esta, así como el comprobar la cantidad que nos llega en cada uno de los canales del mezclador.

Solo de canal

El pulsador solo, como bien su nombre indica, nos sirve para monitorizar únicamente el canal o canales sobre los que esté pulsado. Cuando este está pulsado, también permanecerá iluminado, indicándonos su actividad. Útil, para cuando se quiera escuchar una única fuente o varias señales aisladas

Mute

El pulsómetro mute, cortará la señal del canal que sea accionado. Su actividad también esta normalmente iluminada mediante led.

Envíos a subgrupos

En la mayoría de los mezcladores disponemos de unos pequeños pulsadores, que sirven para dirigir la señal a unos buses de mezcla externos, llamados subgrupos. Estos suelen ser unos masters de salida independientes a la salida master del mezclador. Y nos sirven para desviar y controlar o agrupar varias señales a una o varias salidas independientes. Pudiendo realizar a la vez mezclas independientes o rutear estas a otros buses de salida.

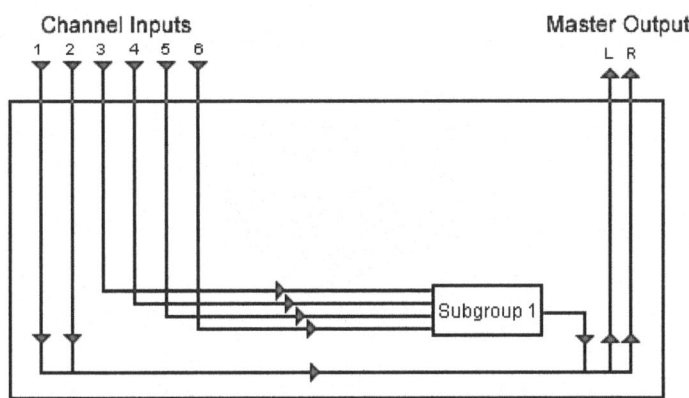

VCA (amplificador de control de voltaje)

Suelen ser unos pequeños pulsadores también situados a un lado del fader de canal. El envío de canales a estos hace que mediante un solo fader, podamos mover el resto de faders direccionados a este VCA, y controlar así el volumen de estos. Siendo muy práctico a la hora de sonorizar complejas mezclas con una gran participación de canales.

5.7 CONVERTIDORES

PRODIGY M.C de DirectOut Technologies

El elemento más crítico en cualquier sistema digital es la conversión A-D, ya que generalmente es donde la calidad del sonido está realmente en estado "puro".

5.8 WORLD CLOCK

Black Lion Mk3

En la actualidad son muchos los ingenieros los cuales prefieren interconexionar el sistema mediante un World Clock externo. Otorgando de esta manera mejor estabilidad y mayor calidad de sonido. Solucionando de esta manera posibles problemas de "Jittering.

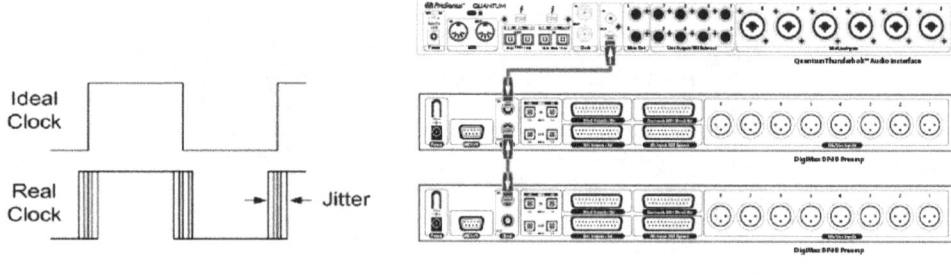

Error de Jitteing   Conexionado en serie de un Word-clock Master a dos "Slaves"

Para el conexionado, ya sea que esté utilizando BNC u otra salida digital para generar word clock, es necesario designar un dispositivo como el dispositivo de reloj word "maestro" con el que todos los demás dispositivos digitales estarán sincronizados o serán "esclavos" de este. Muchos dispositivos digitales funcionan igual de bien como maestros o esclavos, aunque algunos dispositivos deben ser uno u otro. La sincronización de un dispositivo con una fuente de reloj de menor calidad probablemente degradará su rendimiento, ya que no todos los generadores de Word clock se crean de la misma manera. En general, debemos de determinar qué dispositivo tiene el mejor Word clock y designar ese dispositivo como el Word clock "Master". Esto se hace con una escucha cuidadosa y mediante pruebas de escucha A / B.

5.9 CONSOLE SWITCHING SYSTEM (SISTEMAS DE CONMUTACIÓN ENTRE MEZCLADORES)

Los fabricantes de equipos de audio constantemente se encuentran en el desarrollo de nuevas y prácticas soluciones ante las carencias existentes y, por lo tanto, facilitar a los profesionales la labor. En la actualidad, son muchas las bandas las cuales suelen llevar su propio sistema de mezclador y por lo tanto nos encontramos ante la circunstancia de que necesitamos la compatibilidad de poder seleccionar fuentes con múltiples formatos de conexionado (analógicos/digitales). De la misma manera entre los distintos cambios de sistemas, se suele perder bastante tiempo en cablear cada uno de ellos y adaptarlos al sistema principal de sonido. Mediante los sistemas de conmutación entre mezcladores podemos ahorrarnos todo ello ya que nos permite el seleccionar entre las diversas fuentes de conexión, o incluso el disponer siempre un sistema "plan B" de backup ante el posible fallo de un sistema de mezclador. Normalmente dichos sistemas nos permiten tener conexionados en todo momento varios mezcladores, así como varias salidas para las señales al sistema principal de PA, Frontfill y Subs. A demás de la función de World Clock. Su conexionado va desde la salida de los mezcladores al sistema conmutador, y de este a el procesador de nuestro sistema.

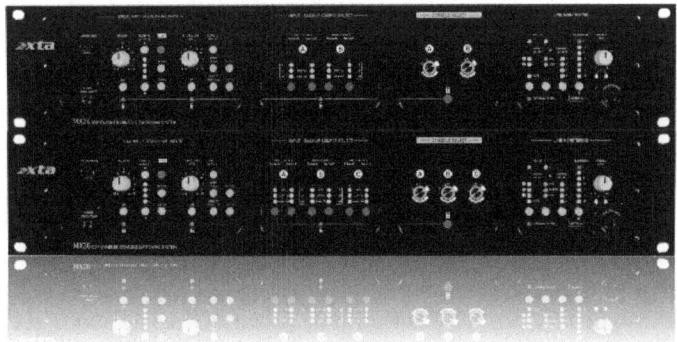

XTA MX24 y MX36 DSP Enabled console switching system

5.10 PROCESADORES DE GESTIÓN DE SEÑAL/MATRICES DE AUDIO/CROSSOVERS

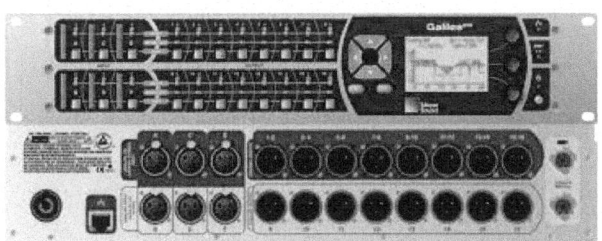

Galileo de Meyer Sound

Los procesadores de señal suelen estar seguidamente de la señal proveniente del mezclador y antes que la amplificación. Estos pueden ser dispositivos analógicos o digitales, de una o varias funciones, independientes o integrados con otros componentes del sistema de sonido.

No hay que olvidar de que la función global de un sistema de sonido es la de representar y reproducir las fuentes de las señales de manera audible, inteligible y con la suficiente fidelidad y respuesta en frecuencia como para que esto resulte placido y con calidad para el oído del oyente. Como todos sabemos todos los componentes de la cadena que componen un sistema de audio contribuyen a ello, por lo que en el caso de que existiera una deficiencia o limitación en cualquiera de los componentes que lo componen, terminará afectando a la respuesta y calidad global del sistema.

"La calidad de una cadena de audio viene dado por el elemento peor de esta".

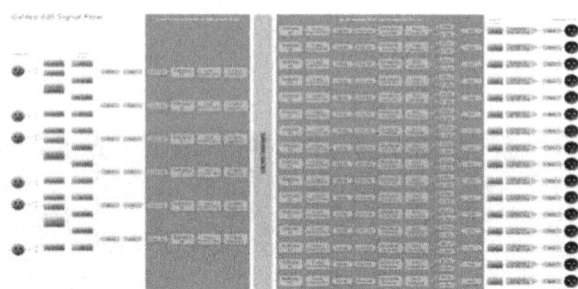

La mayoría de los procesadores actúan como dispositivos independientes diseñados para un propósito específico. Con el tiempo, la integración de procesadores similares en un dispositivo se hizo popular con la integración de dinámica como compresores / limitadores o el uso de retardos. El desarrollo de procesadores de audio que operan en el dominio digital permitió una mayor integración, lo que condujo a procesadores de señal digital (DSP) multifunción que combinan funciones aparentemente dispares en una sola unidad. Quizás lo más importante es que los dispositivos DSP ofrecen estas funciones a un costo que es una fracción del precio de compra de varios procesadores individuales.

5.10.1 Analogía de los Crossover

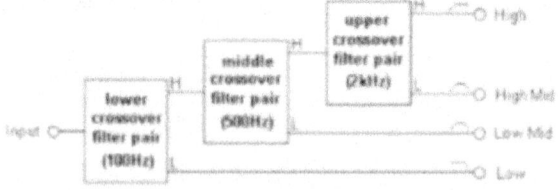

En términos muy simples, un crossover es un filtro. Su trabajo es permitir o evitar el paso de ciertas frecuencias, así como proporcionar ecualización y ajuste de fase si es necesario. Este procesador actúa como si fuera un "policía de tráfico", evitando por ejemplo que una señal completa se dirija a los tweeters o subgraves. Este también da forma al sonido para ayudar a compensar las características naturales de cada transductor. La calidad de los componentes y el diseño de la red de un sistema de audio dan como resultado la calidad del conjunto del sonido de los altavoces. El crossover debe tener en cuenta todos los aspectos del altavoz, como las propiedades de los drivers, la acústica de la propia caja, la posición del transductor, etc. Realmente es el cerebro que gestiona a todo el conjunto del sistema de altavoces, proporcionando su personalidad y el factor de control para determinar cómo funcionan todos los componentes juntos.

5.10.2 Crossovers analógicos pasivos

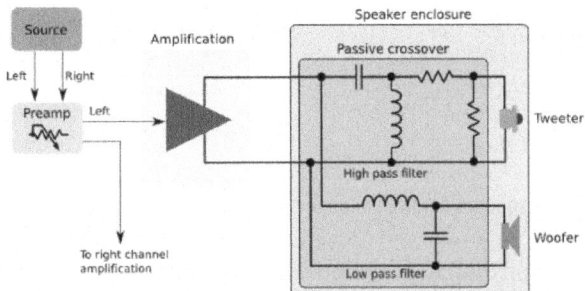

Esquema del funcionamiento de un crossover pasivo

Son los tipos de crossover más comunes y los que se emplean en la mayoría de los altavoces que requieren de un amplificador externo. Un crossover pasivo toma la señal amplificada y la distribuye a los distintos transductores mediante una red de condensadores, resistencias e inductores.

5.10.3 Crossovers analógicos activos

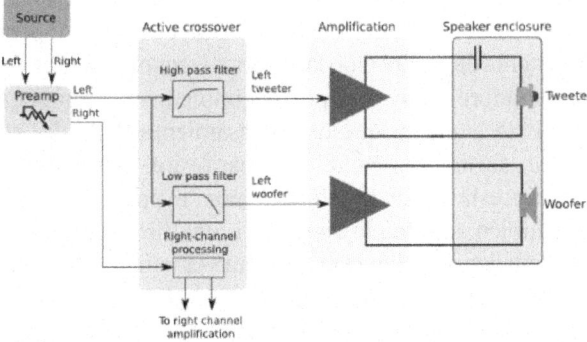

Esquema del funcionamiento de un crossover activo

Este tipo de crossover divide la señal antes de la amplificación. En este diseño, cada driver debe tener su propio amplificador y generalmente está integrado en él. Son más comunes en altavoces alimentados mediante una etapa de potencia propia. Estos también suelen utilizar DSP para ayudar a ecualizar el sonido.

5.11 PROCESADORES DIGITALES DE SEÑAL (DSP)

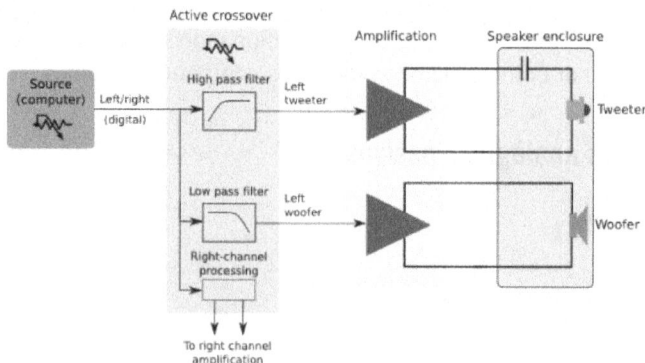

Esquema del funcionamiento de un crossover digital

Antes de la revolución digital, el equipo de procesamiento de un sistema de sonido era costoso y sin las herramientas adecuadas para medir los resultados, había poco propósito en algo más que conseguir una EQ del sistema.

Ya que, hasta hace relativamente poco, la mayoría de los crossovers activos se implementaban con circuitos analógicos, generalmente utilizando amplificadores operacionales para realizar tipos específicos de topologías de circuitos. Los interruptores o módulos de los "switches" eran los que seleccionaban diferentes frecuencias de cruce. Este tipo de crossover activo estaba limitado por el hecho de que cada filtro debía de realizarse con un circuito físico. Por ejemplo, hacer que la pendiente de cruce fuera más pronunciada requería de circuitos analógicos adicionales, lo que no es fácil una vez que una unidad está en el campo. En la actualidad y con el advenimiento de herramientas como SIM o SMAART combinadas con cualquier DSP económico, podemos realizar un óptimo ajuste de un sistema de audio. Con la moderna tecnología DSP (procesamiento de señal digital), los procesadores activos se pueden implementar completamente mediante computación digital. Esto significa que el procesamiento de audio se puede cambiar mucho más fácilmente, sin ningún cambio de hardware. Básicamente la cantidad de procesamiento de audio está limitada tan solo por la potencia DSP disponible. Los Crossover digitales también admiten la entrada digital directa desde una fuente digital, como puede ser un ordenador o mediante un módem vía wifi y una tablet. En la actualidad muchos de ellos también disponen de conexiones DANTE.

Vista frontal y trasera de un procesador digital XTA DP448

El control de volumen se puede hacer digitalmente en la fuente o en el propio crossover, ya que la mayoría de los actuales crossovers digitales todavía admiten entradas analógicas. Estos vienen determinados por la cantidad de entradas/salidas que pueden admitir.

5.11.1 Parámetros de un procesador de señal digital

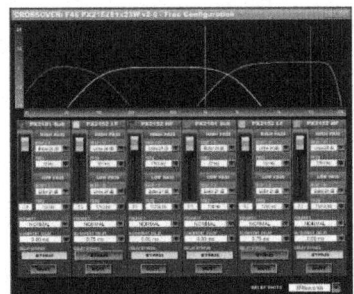 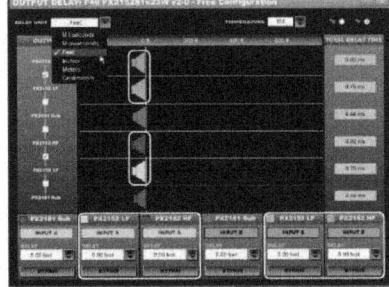

EV DC one editor software

Las herramientas básicas que necesitamos para el procesamiento de PA son ecualización paramétrica (para ecualización complementaria), retardo (para alinear el tiempo nuestras fuentes de sonido) y compresión / limitación (para control dinámico y protección de componentes. Entre algunos otros sistemas exclusivos de control y monitorización de señal y red, en casi todos los sistemas de procesadores digitales solemos encontrar unos parámetros básicos como:

- ▶ **Presets:** de diferentes fabricantes o los propios del usuario.
- ▶ **Filtros:** algunos de los más frecuentes como: Pasa altos/bajos, Pasa banda, Notch, All pass, Butterworth, Linkwitz-Railey, Bessel, Equalización.
- ▶ **Dinámica:** compressor, limitador, puertas de ruido.
- ▶ **Ruido:** rosa/blanco.
- ▶ **Tiempo:** retardo.

5.11.2 Presets

En la actualidad cualquier procesador de señal viene con unos presets de ajuste establecidos por los distintos fabricantes de sistemas de altavoces los cuales vienen optimizados según el tipo e idiosincrasia de cada modelo. Con la simplicidad de cargar y comenzar a trabajar sin la necesidad de introducir manualmente valores de ajuste en el sistema o comenzar a "inventar" o "experimentar" con cosas las cuales pueden perjudicar y dañar a nuestro sistema de audio. Nadie mejor que el fabricante sabe sobre el rendimiento más eficaz de su propio sistema de altavoz. También disponen de memorias para poder almacenar nuestros propios presets de ajustes personalizados.

5.12 FILTROS

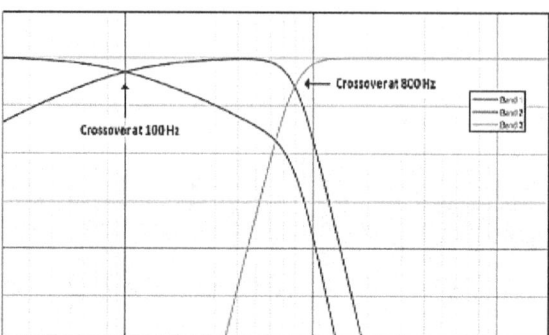

Tanto los filtros pasan altos como los pasa bajos, son empleados para determinar el rango de frecuencias las cuales derivamos a las distintas vías y recintos de nuestro sistema de altavoces. Determinando los puntos de cruce y la pendiente de estos. No existe un filtro ideal, ya que cada filtro es válido en algunas áreas y no tanto en otras.

5.12.1 Algunos tipos de filtros

Pasa bajos (Low pass filter)

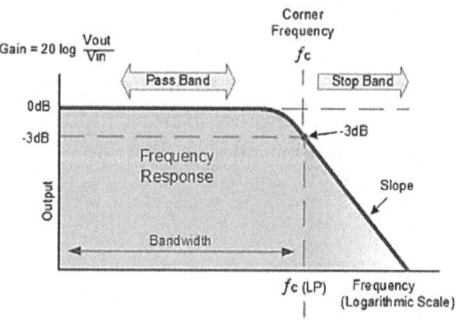

Se emplean para remover el contenido de las altas frecuencias y por lo tanto sectorizar la información espectral la cual va a enviarse a los Subwoofers.

Filtros pasa altos (High Pass Filter)

Estos funcionan de similar manera a la pasa bajos, pero en el sentido contrario, permitiendo pasar únicamente las altas frecuencias y cortando las bajas mediante el punto de frecuencia de corte que fijemos.

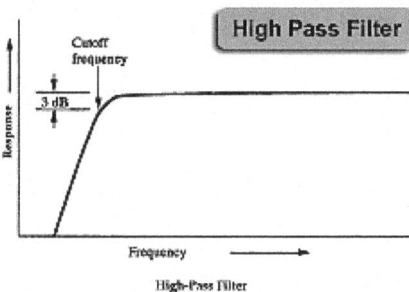

High-Pass Filter

Filtros pasa banda (Band Pass Filter)

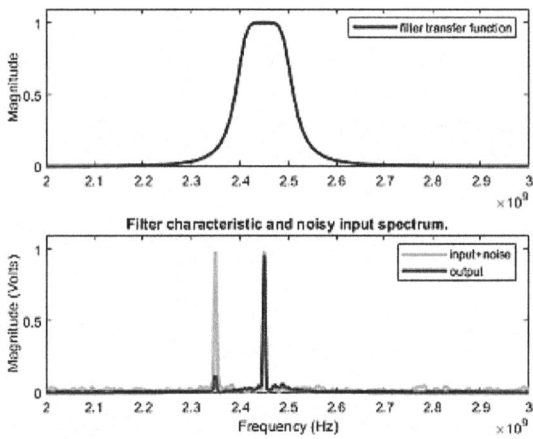

Este viene a ser una combinación de un filtro pasa altos y uno pasa bajos y está diseñado para dejar pasar un rango de frecuencias especifico dado entre dos límites. Por lo tanto, mediante estos podemos reducir tanto la amplitud de las altas como de las bajas frecuencias.

Filtros "Notch"

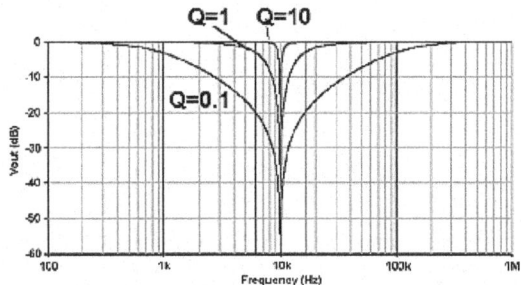

Este define el rango de las frecuencias estipulado por dos límites de atenuación. Este vendría a ser el opuesto al filtro pasa banda. Al tener dos puntos de frecuencia de corte, también resulta ser una combinación entre un filtro pasa altos y uno pasa bajos.

Butterworth

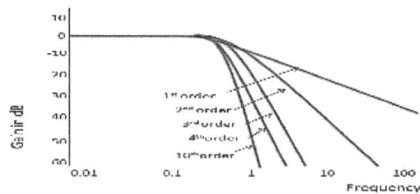

Este quizás sea la aproximación de filtro más conocida. Exhibe una banda de paso casi plana. El rolloff es suave y monótono, con una tasa de rolloff de paso bajo o alto de 20 dB / década (6 dB / octava) para cada polo. Por lo tanto, un filtro de paso bajo Butterworth de quinto orden tendría una tasa de atenuación de 100 dB por cada factor de aumento de diez en la frecuencia más allá de la frecuencia de corte. Este tiene una respuesta de fase razonablemente buena.

Linkwitz-Riley

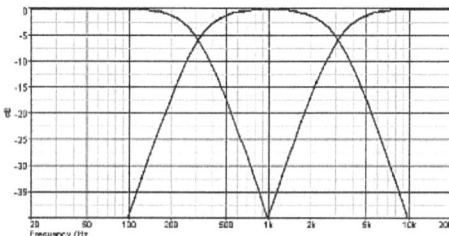

Tiene la mejor respuesta de impulso. Este se comporta como un filtro "All Pass", con una respuesta de amplitud plana y con una suave respuesta de cambio de fase.

Bessel

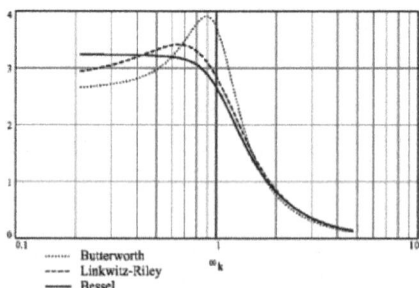

Posee un retraso máximo plano. Sin embargo, no puede obtener una respuesta de amplitud completamente plana al transformarse a digital.

Chebyshev

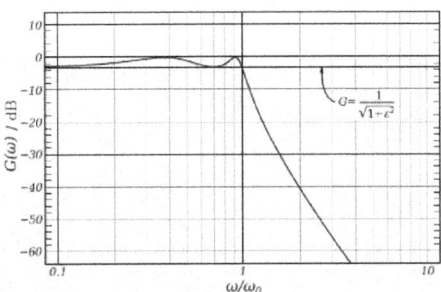

Estos se emplean para separar una banda de frecuencias de otra. Siendo bastante adecuados para muchas de las aplicaciones. Uno de sus principales atributos es su velocidad. Ya que se llevan a cabo mediante recursión en lugar de convolución. Su diseño está basado en una técnica matemática llamada transformada Z.

Elliptic

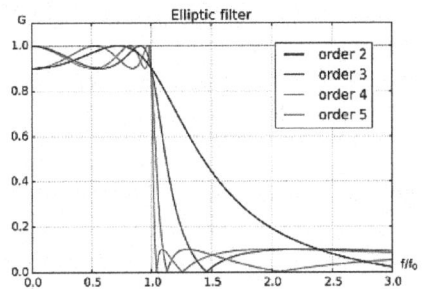

Estos poseen una Q alta, así como una banda de transición nítida, pero carecen de retraso de grupo constante en el pasabanda, lo cual implica más resonancia sobre la respuesta de paso en el dominio del tiempo.

Filtros "All pass"

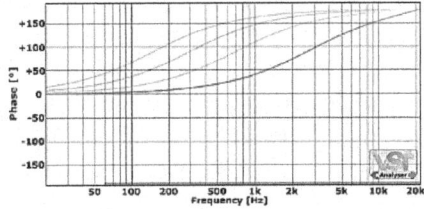

Este permite pasar todas las frecuencias en el mismo sentido que en los filtros pasa bajos, pasa altos y pasa banda. Siendo de la respuesta en amplitud de 1 por cada frecuencia, permitiendo de esta manera una respuesta arbitraria en la fase.

5.13 ECUALIZADORES

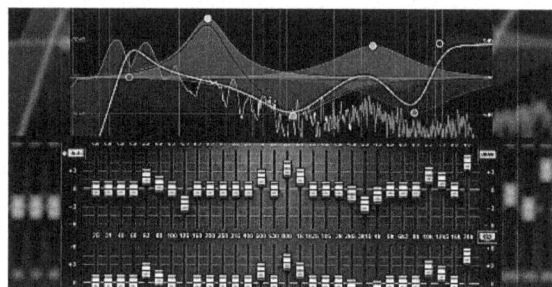

Normalmente casi todos los procesadores modernos digitales DSP tienen varios tipos de ecualizadores tanto en la etapa de las entradas como en el de las salidas.

Los ecualizadores gráficos y los paramétricos suelen ser los más comunes.

▶ **Ecualizador gráfico:** el ecualizador gráfico es muy intuitivo y se suele emplear normalmente para ajustar el sonido global mediante el oído y retocar algunas frecuencias muy concretas. Es recomendable el trabajar actuando con bandas adyacentes a la fundamental para y minimizar problemas de "efecto peine" en el sonido. También se suele emplear para obtener un mayor margen de decibelios antes de los acoples.

▶ **Ecualizador paramétrico:** es el que se suele utilizar a la hora de corregir la respuesta de los altavoces y la acústica de los recintos donde nos encontramos trabajando. Cuando el ancho de banda es amplio, este actúa de manera más "progresiva "que el ecualizador gráfico y otorga una mayor coherencia en el sonido global. Prácticamente mediante un ecualizador paramétrico y mediante un ajuste de banda estrecho, podemos trabajar de manera similar como si lo hiciéramos con un gráfico.

▶ **Filtros Digitales DSP:** el procesamiento digital de señales se distingue de otras áreas en informática por el tipo único de datos que utiliza, lo cual son señales. En la mayoría de los casos, estas señales se originan como datos sensoriales del mundo real como pueden ser: vibraciones sísmicas, imágenes visuales, ondas de sonido, etc. DSP son las matemáticas, los algoritmos y las técnicas utilizadas para manipular estas señales después de que se hayan convertido en un sistema digital. Esto incluye una amplia variedad de objetivos, tales como: mejora de imágenes visuales, reconocimiento y generación de voz, compresión de datos para almacenamiento y transmisión, así como un largo número de posibilidades.

Dos tipos de filtros digitales son FIR y IIR. El término "respuesta de impulso" hace referencia a la apariencia del filtro en el dominio del tiempo. Los filtros suelen tener respuestas de frecuencia amplias que corresponden a pulsos de corta duración en el dominio del tiempo.

- **FIR (Finite impulse response):** un filtro FIR posee más consistencia frecuencial al aplicar un delay respecto a un IIR. Del mismo modo un filtro FIR es más estable operacionalmente, a pesar de ser más lento en los cálculos computacionales.

- **IIR (Infinite impulse response):** una de las principales diferencias que encontramos entre un filtro FIR respecto a un IIR es que el IIR emplea parte del filtro de salida para la entrada lo cual hacen de un filtro "recursivo". Este no suele ser tan estable y constante en términos de relación de fase y estabilidad como lo es un filtro FIR. Quizás la ventaja que posee es que ante el uso de filtros similares este utiliza un menor número de cálculos para lograr un mismo resultado, por lo tanto es algo más "ágil" en términos computacionales. Por lo tanto, si queremos implementar un filtro a tiempo real para y poder escuchar mientras interactuamos con ello, este resulta ser un tipo de filtro más apto que un FIR.

5.13.1 Otras Funcionalidades

Dinámica

▶ **Limitación:** como forma de protección

▶ **Puerta de ruido:** se suelen emplear para eliminar posibles ruidos o sonidos estáticos presentes en una señal.

▶ **Retardo (delay):** su principal uso es el de ajustar el tiempo para las distintas entradas/ salidas del procesador y poder realizar los pertinentes arreglos entre las distancias de los diferentes altavoces del sistema.

5.14 ETAPAS DE POTENCIA

Labgruppen PLM 20K44

Básicamente la funcionalidad de las etapas de potencia es la de incrementar el nivel de línea de una señal hasta los niveles óptimos para alimentar los altavoces. En la actualidad existen una gran variedad de marcas, tipos y modelos. Las etapas DSP inteligentes nos permiten gestionar el flujo de entrega de potencia a los altavoces, algo muy práctico y versátil en un sistema de amplificación. Mediante el uso de un ordenador podemos acceder a todos los parámetros del sistema de amplificación. Existen algunos modelos que actúan de procesador a la vez, pudiendo actuar de forma encadenada y ser interconexionados mediante una red de Ethernet entre las diversas unidades. De la misma manera casi todos los sistemas de potencia poseen IC (circuitos integrados) los cuales permiten autoprotegerse ante posibles sobrecargas tanto en las señales de entrada como en las de salida. También suelen tener sensores de temperatura y de carga ante cualquier posible mal funcionamiento o indebido manejo por parte del operador. Dentro de los diferentes modelos y sistemas nos encontramos con algunas de las principales características a tener en cuenta a cerca del rendimiento y cualidades sónicas a la hora de seleccionar estas:

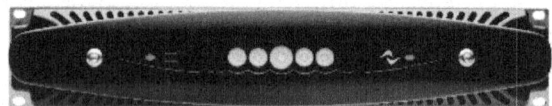

Powersoft X4L

▸ **Poténcia:** expresada en wattios, y basada en la carga a la que se somete. A mayor carga (impedancia) menor potencia de entrega, y a menor carga, mayor capacidad de entrega de potencia. Normalmente coincide con el doble de potencia de incremento o reducción según la suma/resta de la impedancia. Como ejemplo, en una etapa de 400w a 8ohmios entregará 800w a 4 Ohmios.

▸ **Clase:** esta indica el diseño en la etapa de salida y lo que sucede en la amplificación de la señal. Existen varios tipos, las más comunes suelen ser las de clase A, B, AB, C, D, H, S. Esta es una especificación la cual no es tan importante en los sistemas de refuerzo de sonido en directo, pero sí que lo puede ser para los audiófilos del sector Hi-Fi.

▸ **Número de canales:** existen etapas de varios canales de entradas, habiendo modelos de x2, x4.x6, x8. Las etapas multicanal son muy practicas a la hora de estar limitados por el espacio en nuestros racks y cuando no necesitamos de una gran cantidad de amplificación en un sistema.

▸ **Especificaciones:** normalmente las especificaciones de las etapas describen:
- Potencia.
- Sensibilidad de entrada.
- Distorsión.
- Damping factor.
- Frecuencia en respuesta.

5.14.1 Funcionalidades extra

Muchas de las actuales etapas de potencia modernas incorporan DSP los cuales nos permiten la gestión de las diferentes funcionalidades de las unidades. Insertar procesadores de dinámica, así como cargar presets de los diferentes fabricantes de altavoces.

5.14.2 Damping Factor (Factor de amortiguación)

La amortiguación es una medida de la capacidad de un amplificador de potencia de audio para controlar el movimiento de retroalimentación del altavoz una vez que la señal se disipa. Cuando, por ejemplo, un cono de altavoz continúa moviéndose después de que la señal de audio eléctrica se detiene, intenta impulsar la salida del amplificador de potencia, lo que produce efectos menos que agradables. Los diseñadores de amplificadores de potencia intentan presentar un "cortocircuito" al altavoz. Siendo el factor de amortiguación la relación entre la impedancia nominal del altavoz y la impedancia total que lo impulsa (amplificador + cable de altavoz). Un factor de amortiguación alto indica que la impedancia de salida de un amplificador puede absorber la electricidad generada por el movimiento del cono del altavoz, lo que detendrá la vibración del altavoz. Los efectos de la amortiguación son más evidentes a frecuencias más bajas; los sistemas de altavoces bien amortiguados suenan "más ajustados" en el extremo inferior porque no se permite que el woofer resuene después de que el impulso eléctrico haya desaparecido.

> **ⓘ NOTA**
>
> Es importante el entender la relación entre los wattios de amplificación necesaria como la información más relevante en cuanto a la salida del sonido y la especificación del rendimiento de las etapas de potencia/altavoces. 3db de potencia de sonido adicional de un mismo altavoz requiere el doble de wattios de amplificación. 3db es aceptado como la mínima práctica más pequeña diferencia de presión de sonido detectable por el oído humano. Por lo tanto, si queremos que nuestro sistema de sonido suene notablemente más potente, necesitaremos al menos el doble de potencia de un sistema de amplificación/altavoces para que estos sean al menos 3db más eficientes. Como ejemplo, si tuviéramos un amplificador de 2.000Wattios y queremos reemplazarlo por uno de 2.500Wattios, mejor nos ahorramos el dinero, ya que tan solo estaríamos consiguiendo 1,2db extra. Al menos serían necesarios 4.000Wattios para una mejora significativa en el rendimiento. Por lo tanto, si nuestro sistema de altavoces no puede manejar ese margen de potencia, necesitaremos altavoces con mayor potencia/eficiencia.

5.15 ALTAVOCES

Si la idiosincrasia de los micrófonos es la de transformar la energía acústica en voltaje eléctrico, los altavoces de bobina móvil realizan todo lo contrario. Estos son los encargados de convertir la energía eléctrica en energía acústica. Normalmente, realizan esto en una disposición por la cual la corriente eléctrica oscilante del amplificador de potencia fluye en una bobina. Esta bobina se enrolla sobre una formadora en el vértice de un cono de papel que es libre de oscilar hacia adelante y hacia atrás porque sus bordes y vértices están soportados por una suspensión elástica. La adición de un imán grande cerca de la bobina completa el ensamblaje. El campo magnético oscilante que se genera a medida que la corriente eléctrica se mueve hacia adelante y hacia atrás en la bobina interactúa con el campo generado por el imán permanente y crea fuerzas alternantes atractivas y repulsivas que impulsan el cono del altavoz hacia adentro y hacia afuera, creando así el sonido. Independientemente de su diseño, el propósito de los altavoces es producir una salida de audio que pueda escuchar el oyente. Estos son transductores que convierten las ondas electromagnéticas en ondas sonoras, y pueden recibir una entrada de audio desde diferentes dispositivos como los mezcladores, ordenadores, reproductores de Mp3 o CD, o cualquier receptor de audio. Sus entradas pueden ser en forma analógica o digital. Los altavoces analógicos simplemente amplifican las ondas electromagnéticas analógicas en ondas de sonido. *El sonido producido por los altavoces se define por frecuencia y amplitud.*

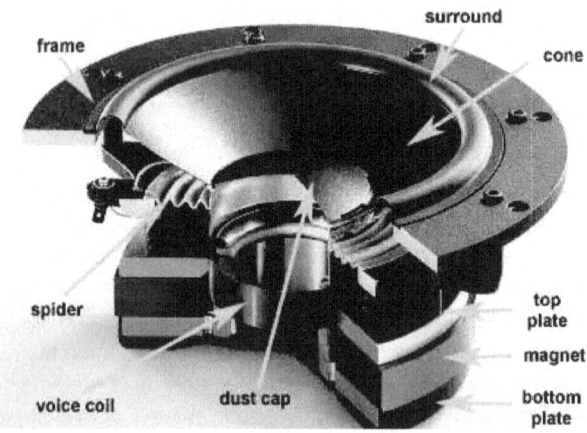

5.15.1 Algunas características de los altavoces

- Patrón/directividad/dispersión.
- Sensibilidad/SPL (Niveles de presión sonora que soportan).
- Respuesta en frecuencia.
- Eficiencia.
- Tamaño/peso.
- Potencia.
- Patrón/directividad/dispersión.

Directividad: es el término utilizado para describir la forma en que la respuesta de frecuencia de un altavoz cambia en ángulos fuera del eje. Se considera que un altavoz posee directividad amplia cuando este mantiene la consistencia de amplitud (nivel de presión de sonido, SPL) entre el sonido del eje activado y desactivado. Un altavoz de directividad estrecha es aquel en el que las amplitudes del eje activado y desactivado son sustancialmente diferentes. Los efectos de cancelación fuera del eje a menudo se ilustran a través de gráficos de respuesta polar que muestran el nivel de dB en varios ángulos de 0 a 90 grados ofreciéndonos una idea de la cobertura y dispersión de un altavoz.

Para fuentes de sonido ordinarias, la directividad está inversamente relacionada con la dimensión. Por lo tanto, si un objeto es pequeño, su directividad es amplia; si por lo contrario es grande, su directividad es estrecha.

Potencia: indica el volumen potencial y la claridad del altavoz. Cuanto mayor sea la potencia, más alto se puede escuchar y, en general, más espacio para el headroom. Esto significa que puede producir sonido a volúmenes más altos sin que comience a romperse y ponerse borroso.

Tamaño y peso: los altavoces se miden en pulgadas sobre el diámetro. Cuanto más grande es el altavoz, más expansivo se vuelve el sonido. Por lo general, existe una correlación entre el tamaño y el peso. Pero el peso también puede variar según los distintos tipos de maderas y materiales utilizados para alojar al altavoz.

Como con cualquier otro tipo de equipo musical, existe una correlación identificable entre el precio y la calidad del sonido. Por lo tanto, podemos sacrificar algo de portabilidad o compacidad sobre la calidad, o viceversa. Los altavoces vienen en variedades activas o pasivas. La simple diferencia es si contienen un amplificador de potencia. Los altavoces activos son más comunes en el mercado actual, ya que son mucho más flexibles y no requieren amplificadores de potencia externos para poder emplearlos.

5.15.2 Tipologías comunes de altavoces

Los tipos de transductores de salida más comúnmente encontrado en sonido los sistemas de refuerzo son:

Los Tweeters

Sistema de Tweeter con tecnología de cinta del fabricante Alcons

En un sistema de altavoces, los tweeters son los transductores de audio los cuales producen el rango de frecuencias superior que escuchas. Los tweeters están diseñados para reproducir las frecuencias más altas (generalmente por encima de los 6 kHz). El diámetro de su diafragma generalmente varía de 2 a 5 pulgadas cuando se usan transductores de tipo de cono. Debido a que las frecuencias de sonido más altas tienen ondas de sonido más pequeñas, su tamaño es más pequeño respecto a los otros altavoces con los que trabajan. Los diafragmas de compresión del transductor van desde menos de 1.5 pulgadas a aproximadamente 4 pulgadas.

Altavoces para las medias frecuencias

Altavóz para medios Beyma 10MCB 700 8

Están diseñados específicamente para reproducir frecuencias medias (típicamente por encima de 500Hz). No suelen reproducir frecuencias que exceden de los 6kHz. Los diámetros de los conos de los transductores típicamente varían de 5 a 12 pulgadas. Si un transductor de compresión es utilizado, el rango del diámetro de diafragma es de 2.5 pulgadas a 4 pulgadas (algunos específicos pueden llegar hasta aproximadamente 9 pulgadas de diámetro).

Woofers

Woofer D.A.S 12GNR

Son diseñados específicamente para reproducir bajas frecuencias (generalmente por debajo de 500Hz). Los Woofers a veces están acostumbrados a reproducir tanto bajas frecuencias como algunas frecuencias medias (normalmente no más alto que 1.5kHz). Típicamente, los transductores de tipo cono se utilizan como woofers, midiendo de 8 a 18 pulgadas en diámetro.

Subwoofers

Coda SCV-F

Empleados en un sistema de refuerzo de sonido para extender el rango de baja frecuencia de sistemas de rango completo para incluir frecuencias subsónicas de 20 o 30 Hz. Su rango rara vez se extiende por encima de los 250/300 Hz. Se utilizan transductores de cono exclusivamente, y su diámetro suele medir de 15 a 24 pulgadas, aunque existen algunas unidades específicas con diámetros de cono acercándose a 1´5m.

Es el componente final en toda la cadena de nuestro sistema, el cual será el encargado de proyectar y traducir la calidad de todos los registros, procesamientos, así como demás componentes que hemos empleado en toda la cadena de audio del sistema. Entre otros muchos factores, será calidad de los propios altavoces y sus componentes, sumados a los espacios o recintos acústicos donde nos encontremos, los que determinaran el resultado global del sonido. Podemos encontrar altavoces de varias dimensiones y potencia, y habrá que seleccionar estos en base a las dimensiones del espacio, cobertura y el uso especifico donde se van a emplear.

Sistema Nexo con flexibilidad a diferentes aplicaciones

Las capacidades de un sistema de altavoces tienen que ser lo suficientemente aptas como para poder reproducir con precisión las frecuencias de sonido de los diferentes instrumentos o elementos a sonorizar. Es por eso por lo que muchos altavoces incluyen múltiples conos de altavoces para diferentes rangos de frecuencia, lo que ayuda a producir sonidos más precisos para cada rango del espectro del audio. Por ejemplo, un instrumento como un saxo alto produce ondas de sonido de alta frecuencia, mientras que una tuba o un bombo de una batería generan sonidos de baja frecuencia.

Sistemas T-Series y VERA de TWAudio

Los sistemas de altavoces se suelen definir por la capacidad y calidad en reproducir con precisión todo el espectro frecuencial de sonido. Muchos altavoces incluyen múltiples conos de altavoces para diferentes rangos de frecuencia, lo que ayuda a producir sonidos más precisos para cada rango. Los altavoces de dos vías suelen tener un altavoz de agudos y un altavoz de rango medio, mientras que los altavoces de tres vías tienen un altavoz de agudos, altavoz de rango medio y subwoofer. Para las frecuencias subsónicas se suelen emplear mayores recintos específicos para dicho rango de frecuencias (Subs).

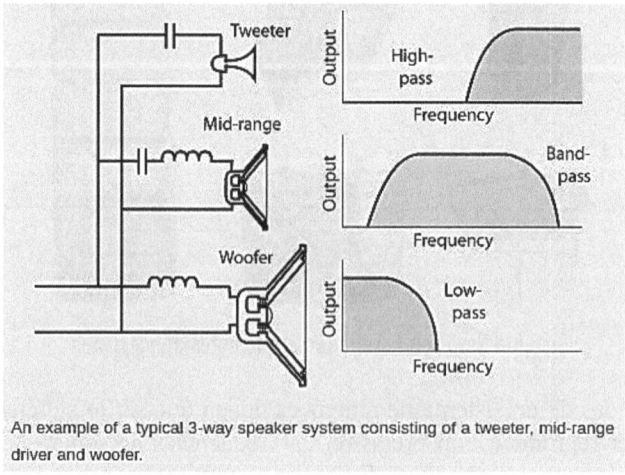

An example of a typical 3-way speaker system consisting of a tweeter, mid-range driver and woofer.

Sistema de altavoz de x3 vías

En la actualidad existen sistemas que van más allá de la convencionalidad y mediante el uso de procesamientos de DSP, han desarrollado sistemas mucho más complejos.

La amplitud, o volumen, está determinado por el cambio en la presión del aire creado por las ondas sonoras de los altavoces. Por lo tanto, cuando enciendes los altavoces, en realidad estás aumentando la presión del aire de las ondas de sonido que producen. Los altavoces que pueden amplificar la entrada de sonido a menudo se llaman altavoces activos. Por lo general, puedes saber si un altavoz está activo si tiene un control de volumen o si se puede enchufar a una toma de corriente.

Wharfedale- WLA 28A- 2 x 8 inch Active Line Array Speaker

Los altavoces que no tienen amplificación interna se llaman altavoces pasivos. Dado que estos altavoces no amplifican la señal de audio, requieren un alto nivel de entrada de audio, que puede ser producido por un amplificador de audio. Los altavoces generalmente vienen en pares, lo que les permite producir sonido estéreo. Esto significa que los altavoces izquierdo y derecho transmiten audio en dos canales completamente separados. Al usar dos altavoces, la música suena mucho más natural ya que nuestros oídos están acostumbrados a escuchar sonidos de izquierda y derecha al mismo tiempo. En la actualidad los sistemas de sonido inmersivo son cada vez más empleados por muchas bandas y artistas.

5.16 FACTORES QUE CONTRIBUYEN AL RESULTADO DE LA CALIDAD FINAL DEL SONIDO

Existen otros factores no menos importantes que en lo que se refiere al sistema PA. Ya que estos son la "raíz" del registro sonoro y sin ellos por muy buen equipo del que dispongamos o por muy bueno que sea el profesional que va a mezclar o sonorizar el evento difícilmente se va a poder lograr una buena sonorización. Voy a hacer una breve mención sobre algunos de los aspectos más relevantes.

- **Acústica del lugar:** todo está supeditado a esta. Ya que es el recinto acústico de todo el conjunto de elementos reunidos. Por muchas predicciones previas que podamos hacer, no será hasta el día del evento y se reúnan físicamente todas las condiciones que van a albergar el recinto. Temperatura, número de público o humedad son algunos de los "inoportunos" factores que pueden hacer cambiar el sonido de un sistema.

- **Músicos:** la calidad musical y la experiencia de estos a la hora de saber trabajar y adaptarse a los equipos de sonido, es algo lo cual puede llegar a facilitar el 50% del trabajo a la hora de realizar una sonorización.

- **Instrumentos/Backline:** muy importante la calidad de estos ya que son la "raíz" donde emanan las fuentes sonoras, así como también lo es la afinación de estos en el caso de los que así lo precisen como puede ser el caso de una batería, bajo o guitarra.

- **Posicionamiento de los micrófonos:** es muy importante el papel que juegan en su ubicación y elegir el micrófono correcto para cada fuente.

5.17 OTROS FACTORES A TENER EN CUENTA

Aumento potencial de ganancia acústica: se pueden tomar una serie de pasos para optimizar la ganancia acústica potencial de un sistema de refuerzo de sonido. Esta ganancia está limitada por la condición de retroalimentación. Algunas de estas medidas son estrictamente geométricas y se pueden modelar a partir de un sistema de amplificación simplificado. Otros implican enfoques más técnicos.

La amplificación utilizable se puede aumentar por los factores geométricos:

- Alejar el altavoz del micrófono.
- Acercar el altavoz al oyente.
- Acercar la fuente al micrófono.
- Acercar la fuente al oyente.

y por medios más técnicos como:

- Usando más micrófonos direccionales.
- Empleando más altavoces direccionales.
- Uso de filtros de "Notch" (supresores de retroalimentación).
- Ecualizando el sistema de sonido.

Gradiente de temperatura. Si partimos de que una onda de sonido es isotrópica, los niveles de SPL disminuyen a medida que aumenta la distancia entre la fuente y el receptor, debido a la dispersión geométrica. Por lo tanto, sin ninguna forma de variación atmosférica, el sonido disminuirá en 6db cada vez que se duplique la distancia. Esta ley resulta valida hasta que nos encontramos con determinados factores atmosféricos los cuales influyen en la propagación del sonido. Los gradientes de temperatura en la atmósfera también afectan a la propagación del sonido a largas distancias. Imaginemos que nos encontramos en una tarde soleada de verano, donde el aire es más cálido cerca de la superficie del suelo, disminuyendo la temperatura a mayor altitud. Esto produce que las ondas del sonido se refractan hacia arriba, lejos del suelo, dando como resultado un nivel de SPL menor en la posición del oyente. Contrariamente al caer la noche, este gradiente de temperatura se revertirá, siendo la superficie del suelo más fría que durante el día, frecuentemente fenómeno referido como inversión de temperatura. Esto originará que durante la noche el sonido se doble hacia el suelo y produzca niveles de SPL más altos en la posición del oyente. Lo mismo ocurre con la distancia, la cual atenúa determinadas frecuencias, generalmente los agudos, ya que son las frecuencias con un recorrido de onda menor. Por lo tanto, temperatura y humedad son factores meteorológicos y atmosféricos los cuales afectan a las mediciones y predicciones de nuestro sistema de sonido, los cuales hay que tener siempre en cuenta.

6

CONSIDERACIONES Y FACTORES QUE PUEDEN ALTERAR LAS ACÚSTICAS A LA HORA DE REALIZAR UNA SONORIZACIÓN DE UN DIRECTO

Indiferentemente del estilo de música o actuación ya sea un teatro, un pabellón de deportes o una conferencia en un auditorio o un pequeño club, es necesario conocer el tipo de recinto en el que se va a realizar, pues éste influenciará positiva o negativamente en la calidad del sonido global final. Así pues, podemos dividir los tipos de recintos en dos grupos: recintos abiertos (aire libre) y los recintos cerrados como pueden ser las salas independientemente de las dimensiones de estas. Vamos a ver algunas de las consideraciones acústicas para intentar tener un control de nuestro sonido final. Hay que tener en cuenta que estas consideraciones acústicas dependerán de varios factores que son propios de cada recinto y de cada circunstancia ambiental.

6.1 ACÚSTICAS EN ESPACIOS CERRADOS

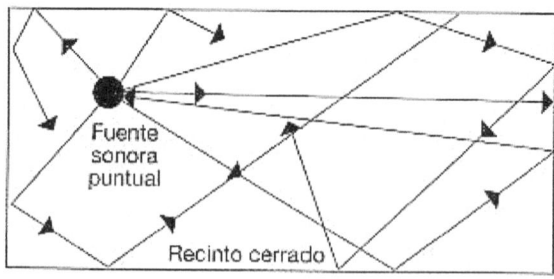

Las condiciones acústicas en un recinto cerrado difieren totalmente en cuanto a los recintos abiertos o al aire libre. Al estar en un espacio cerrado las condiciones climatológicas no influyen, hay un límite de espectadores que pueden entrar dentro de la sala y el sonido no se expandirá hasta el infinito, sino que rebotará en los límites de la sala formando un ambiente acústico diferente, así como el público ofrecerá absorción del sonido también, con lo cual deberemos tener en cuenta aspectos diferentes a los de los recintos abiertos.

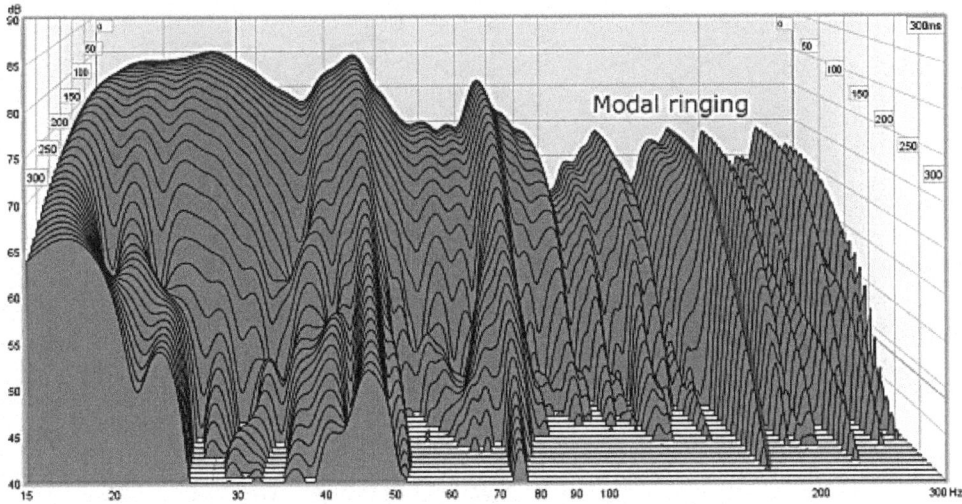

Los "room modes "o "modos de habitación" en español, son el conjunto de resonancias que existen en una sala cuando una fuente acústica, como un altavoz, excita la habitación.

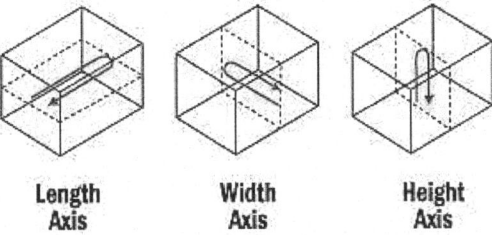

La mayoría de los espacios cerrados o salas tienen resonancias fundamentales en la región de 20Hz a 200Hz, cada frecuencia está relacionada con una o más de las dimensiones de la habitación o un divisor de estas. Estas resonancias afectan la respuesta de frecuencias y medias bajas de un sistema de sonido en la sala y son uno de los mayores obstáculos para una óptima reproducción sonora.

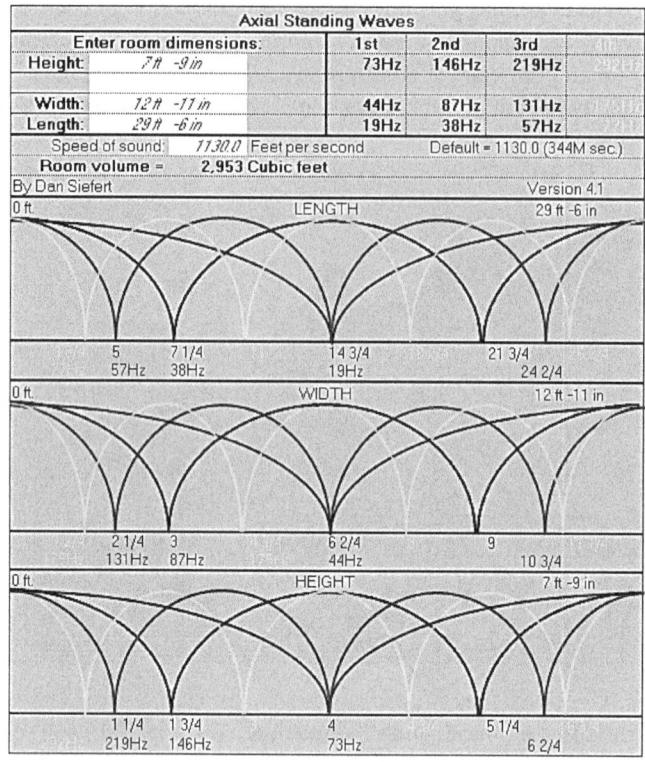

Una habitación con superficies generalmente duras exhibirá resonancias agudamente afinadas con un alto valor factor Q. Para controlar ello, se puede agregar material absorbente a la habitación para amortiguar tales resonancias que funcionan disipando más rápidamente la energía acústica almacenada.

En los recintos cerrados, a parte del sonido directo que viene del sistema de refuerzo sonoro, también nos llegará energía sonora que se refleja en las paredes, en el techo o en cualquier estructura reflectante. Esta energía que se refleja viene a formar el campo reverberante, que se suma al campo directo obteniendo, así, mayor nivel de presión sonora, por lo que normalmente en espacios cerrados se utiliza menos potencia en el sistema. En un principio podemos llegar a pensar que la reverberación es buena y mientras mejor, pero nada más alejado de la realidad. Para ello veremos cómo las diferentes características de recinto y las distintas finalidades de uso nos determinarán la fidelidad del sonido.

Debemos de conocer el tipo de acústica del espacio donde nos encontramos, por lo tanto, hay que conocer las circunstancias que acompañan al recinto, es decir, cuál es el aislamiento acústico que posee el recinto, los inconvenientes de este como pueden ser los posibles obstáculos, diferentes plantas, rebotes en cornisas, materiales de construcción, altura y dimensiones del recinto entre algunos de los factores a considerar.

6.2 LA PÉSIMA REPRODUCCIÓN DE LAS FRECUENCIAS GRAVES

La acumulación de sonido amplificado de baja frecuencia, o "retumbo" excesivo, es un problema común que ocurre en espacios para música amplificada, como pueden ser los clubes nocturnos, salas de conciertos, salas de exhibición, salas de conferencias o teatros. Los artistas quieren el poder y el impacto de unos bajos fuertes para agregar emoción, energía y sensación al espectáculo. Las líneas de bajo potentes realzan los ritmos de baile, motivando a que la audiencia se ponga a bailar. Por otro lado, los bajos con poca potencia suenan débiles y anémicos y son la razón por la que algunos actos agregan pilas de subwoofers que recubren el escenario y los alimentan con miles de vatios de amplificadores.

¿Por qué en cambio en otro espacio y en una sala de similares dimensiones las frecuencias graves no suenan igual de contundentes? Muchas veces, esto no es problema del equipamiento de dicha sala o del propio técnico de sonido si no la acústica del lugar. Quizá cuando diseñaron la sala, los diseñadores no hubieron reparado demasiado en el tipo de música o espectáculos que se iban a dar cita en dicho espacio, no centrándose demasiado en el tratamiento acústico de las frecuencias graves. También es posible que no existiera un presupuesto correcto para poder invertir en los materiales necesarios para dicho tratamiento y el cliente no haya querido abordar los costes de un diseño adecuado completo.

6.2.1 Balcones y otras estructuras

En auditorios o teatros, podemos encontrarnos con balcones los cuales pueden contribuir a modificar el sonido de un espacio. El tamaño, forma y los materiales empleados en estos pueden comprometer la acústica del espacio. También los arcos o columnas existentes pueden incidir y afectar a la calidad sonora de un recinto.

6.3 ACÚSTICAS AL AIRE LIBRE

En un recinto abierto y al aire libre, son las condiciones medioambientales o climatológicas las que más afectarán a la propagación y a la calidad del sonido. Este tipo de sucesos no son siempre predecibles, pero sí es importante informarse de las condiciones climáticas de la zona donde se realizará la actuación y poder tomar las medidas pertinentes. Los principales factores que debemos tener en cuenta en una actuación al aire libre son la humedad, la temperatura, el viento y el ruido ambiente. Aparte de estos factores, es básico conocer cómo se dispersa el sonido en un espacio abierto para poder entender los efectos de los fenómenos sobre éste.

6.4 FACTORES A TENER EN CUENTA

6.4.1 Ruido de ambiente

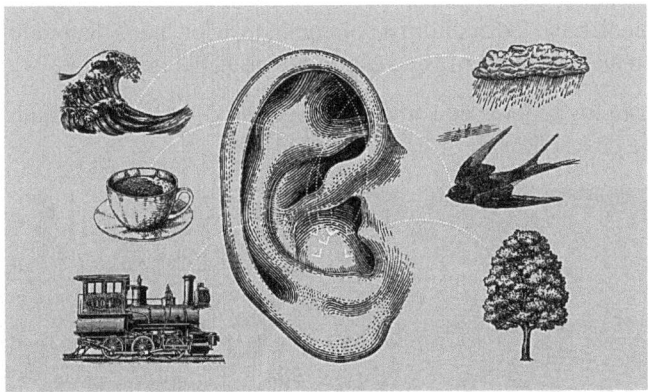

Al realizar cualquier tipo de actuación en un sitio al aire libre, es muy probable que, aparte de los factores influyentes en el sonido antes mencionados, tengas diversas fuentes de ruido de cualquier tipo que afectarán al sonido que quieres reproducir. Una simple regla impone que cuando se produce una diferencia de +10 dB entre dos sonidos diferentes, el sonido del nivel más elevado da la sensación de tener un nivel muy superior al que realmente tiene, como aproximadamente el doble del nivel de 10 dB por debajo de él. A pesar de que el cálculo de intensidad sonora es más exacto que éste, la regla es útil para los sonidos de margen medio. Empleando esta regla se puede examinar una fuente de sonido que radia hemisféricamente debido a la presencia de la superficie del suelo. Al emitir la fuente sonora en campo abierto, a medida que el sonido se aleja de la fuente, la intensidad disminuye y el posible ruido exterior afectará y enmascarará más al sonido de nuestro sistema.

Si se coloca una estructura reflectante detrás de la fuente de sonido, consigues que las ondas sonoras que se dispersarían hacia atrás (en caso de no haber estructura reflectante) sean reflectadas hacia delante, por lo que se concentra la intensidad sonora en dicha dirección y se logra que la distancia en la cual el ruido de fondo afecte a la fuente sonora sea mayor.

Hay que tener en cuenta que el público hará un efecto de absorción de la intensidad, que se irá acentuando a medida que nos alejemos de la fuente. Con la presencia de una grada en frente de la fuente sonora en la que cada fila esté más arriba que la anterior, se conseguirá una mejora de la intensidad sonora en la zona del público y además disminuirá el ruido del público sobre el suelo.

Como aportación histórica, se sabe que los griegos, en el pasado, utilizaron este tipo de técnicas para mejorar el sonido en sus obras teatrales, y las aplicaron en la construcción de los primeros anfiteatros.

Las técnicas que utilizaron los griegos fueron las siguientes:

1. Proporcionaban un reflector detrás del actor.

2. Aumentaban el nivel acústico del orador construyendo megáfonos en las máscaras especiales que sostenían delante de sus caras para expresar varias emociones.

3. Daban pendiente a los auditorios por encima y a los lados del orador en un ángulo de 120°, teniendo en cuenta que el hombre no habla por detrás.

4. Desenfocan los reflejos de sonido en el graderío variando el radio de los bordes de la zona de asientos.

Teatro Griego Epidaurio construido en el siglo IV A.C.

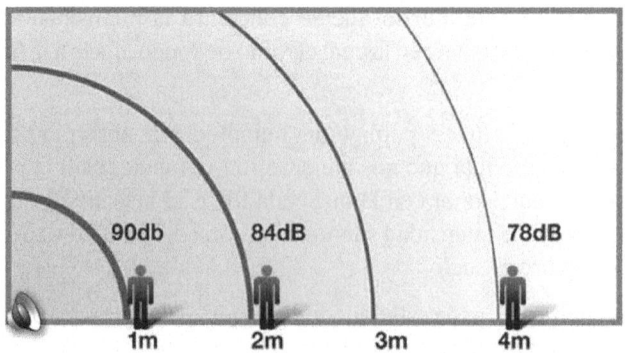

Nivel de SPL variado debido a la ley inversa del cuadrado

Al transmitirse el sonido a través del aire, suponiendo una fuente puntual, la energía sonora se distribuye de forma esférica, por lo que, al doblar la distancia, la superficie de la esfera se cuadriplica, por lo que la energía por unidad de superficie disminuye al aumentar la distancia. Esto significa que el sonido se hace más débil al alejarse de la fuente, esto origina una reducción de -6 dB al duplicar la distancia.

6.4.2 Factores medioambientales que considerar

Atenuación debido a la humedad

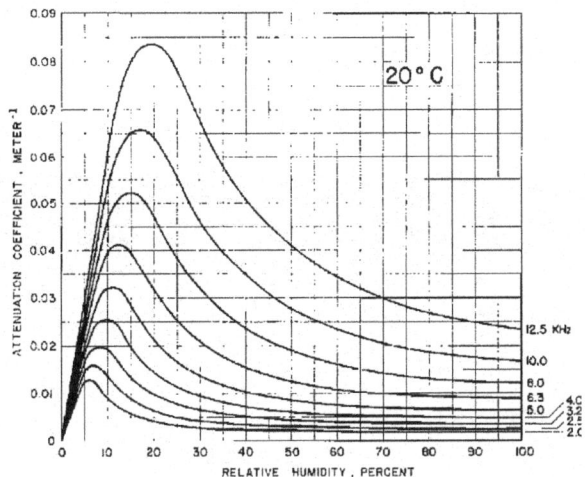

Si calculamos la pérdida de presión sonora a medida que nos alejamos de un altavoz mediante la ley inversa del cuadrado, es decir, 6dB menos por cada vez que duplicamos la distancia, llegaremos a un valor teórico que es válido a cortas distancias, pero no a largas distancias. Ello se debe a la absorción del aire. Esta absorción es mayor para el aire seco que cuando el ambiente está húmedo. Por otra parte, la absorción del aire varía también en función de la frecuencia. Es bien sabido que las frecuencias muy agudas desaparecen en seguida a largas distancias en exteriores. Por ello se presentan curvas para varias frecuencias

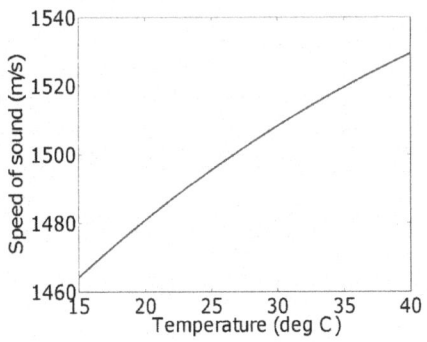

Temperatura

La velocidad del sonido cambia en aproximadamente 6 metros por segundo por cada grado. El sonido se transmite a través del aire mediante ondas de compresión que, a pequeña escala, dependen de moléculas que se transfieren energía entre sí. Las moléculas de aire tienen más energía a temperaturas más altas, lo que significa que vibran más rápido.

Se suele emplear para los cálculos 343 m/s para una temperatura promedia de 20°.

Esta velocidad es concebida mediante esta fórmula:

Al variar la velocidad del sonido con la temperatura, también varía su frecuencia y por tanto su longitud de onda según la fórmula $\lambda = c/f$.

Viento

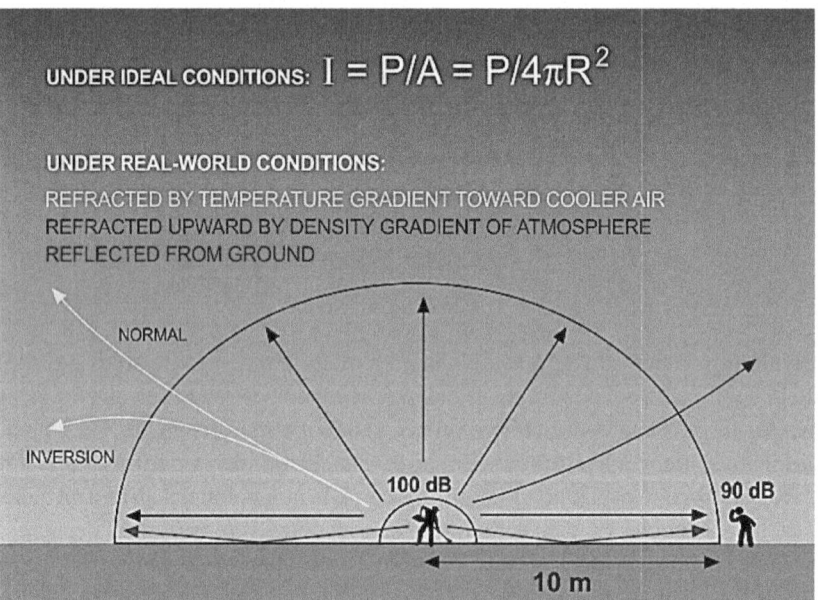

El viento también es un elemento que produce diferentes efectos sobre el sonido en conciertos en exteriores. El viento, cuando sopla en contra de la dirección del sonido, produce gradientes de temperatura cerca del suelo que dan como resultado que el sonido sea reflejado hacia arriba. Otro efecto diferente produce el viento si sopla en la misma dirección que el sonido que también producirá unos gradientes de temperatura en el suelo, pero en este caso los gradientes tenderán a reflectar el sonido hacia abajo.

6.5 NORMATIVAS Y NIVELES DE SPL A LA HORA SONORIZAR LOS DIRECTOS

La mayoría de los países tienen pautas para regular la exposición al sonido en conciertos y festivales de música. Estas pautas limitan los niveles de presión de sonido permitidos y la duración del concierto/festival. Normalmente existen unas directrices y corresponde a las autoridades locales imponer las normas. La necesidad de prevenir la pérdida de audición entre el público es algo obvio, pero el conocimiento de la dosis real recibida por los visitantes es extremadamente escaso.

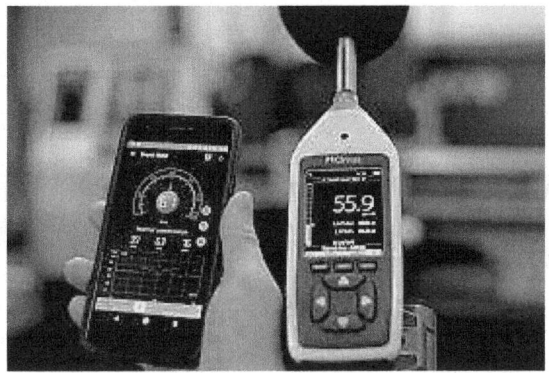

Las regulaciones actuales para festivales (en el que caso de los países en los cuales existen), en muchos países europeos, a menudo se basan en el estándar internacional (Organización Internacional para la Estandarización − ISO 1999[10]) y/o la Directiva Europea (2003/10/EC − ruido [11]) que regulan la exposición al ruido ocupacional. La norma ISO establece que un empleado puede estar expuesto a 85dBA durante 8 h, cada día, durante toda su carrera laboral, sin sufrir daño auditivo inducido por el ruido. La Directiva Europea limita la exposición de los empleados a 87dBA por 8 h de jornada laboral, y establece límites de actuación inferiores ("debe disponer de protección auditiva") y superiores ("debe llevar protección auditiva") en 80 y 85dBA, respectivamente. Cada país suele establecer una propia normativa según su legislación,

6.6 TRATAMIENTO ACÚSTICO/ ALGUNOS TIPOS DE MATERIALES ACÚSTICOS

6.6.1 Paneles acústicos absorbentes

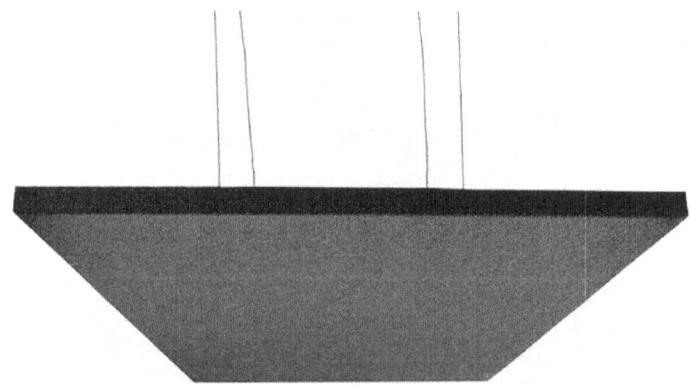

Panel absorbente colgante

Los paneles acústicos se utilizan para reducir el ruido y controlar el sonido en espacios diferentes. Los podemos encontrar para colocarse en las paredes como en los techos. Existen de muy diferentes precios y durabilidad, así como de una gran variedad de tamaños y colores, para con ello cumplir con los requisitos de diseño. Podemos encontrar estos, envueltos en tela, hechos de espuma acústica específica, o cubiertos con metal perforado o madera. Los hay también de poliéster, polipropileno, algodón y fibra de vidrio.

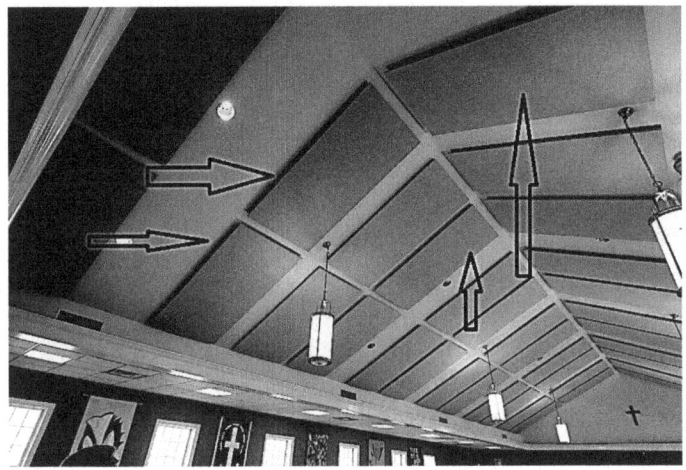

Lana de Roca

Paneles absorbentes de colores

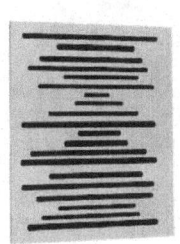 

Panel absorbente/difusor de madera y panel absorbente de metal

Estudio de grabación con paneles acústicos de aislamiento

6.6.2 Difusores

Los difusores son utilizados para tratar las posibles alteraciones del sonido, como lo puedan ser las indeseadas reflexiones o ecos. Estos son una excelente alternativa o complemento a la absorción del sonido porque no eliminan la energía de este, si no que se pueden usar para reducir de forma efectiva las reflexiones y ecos de un espacio, con la diferencia de que estos dejan el espacio vivo al compararlo con las superficies reflectantes, las cuales hacen que la mayor parte de la energía se refleje en un ángulo igual al ángulo de incidencia, Por el contrario, un difusor hará que la energía del sonido se irradie en muchas direcciones, lo que conducirá a que un espacio acústico sea más difusivo. También es importante que un difusor difunda las reflexiones tanto en el tiempo como en el espacio. Normalmente se suelen emplear los difusores acústicos para eliminar la posible coloración de un espacio, así como indeseados ecos. En el menor de los casos se emplean para difundir el sonido. Al igual que los paneles absorbentes, los podemos encontrar de diferentes tipos de materiales y tamaño.

Diferentes tipos de difusores

Sala de grabación tratada con difusores

Sala de control tratada con difusores

6.6.3 Reflectores

Los reflectores o difusores de sonido reducen eficazmente los reflejos que interfieren en cualquier dirección en particular al ayudar a distribuir el sonido de manera más uniforme en todo el espacio.

Los reflectores acústicos brindan claridad en lugares grandes al dispersar uniformemente el sonido y controlar los reflejos tardíos.

Se implementan reflectores o difusores acústicos para distribuir uniformemente el sonido para evitar áreas donde la calidad del sonido es débil, demasiado excesiva o no se puede escuchar con claridad. La difusión acústica o la reflexión del sonido ayudan a proporcionar una cobertura de sonido más amplia para el habla y la música y, a menudo, se utilizan para mejorar la inteligibilidad del habla y la claridad de la música en teatros, salas de reuniones, auditorios, estudios de grabación y aulas.

6.6.4 Trampas de graves

Las ondas de sonido de baja frecuencia son extremadamente largas y, por lo tanto, muy fuertes, siendo estas las más difíciles de controlar. Independientemente de si estamos intentando bloquear su transmisión a un espacio vecino o tratar de absorberlas para limpiar la respuesta de bajas frecuencias dentro de una habitación o sala. Controlar el sonido de bajas frecuencias es más difícil que controlar el sonido de frecuencias medias o altas y generalmente requiere más esfuerzo y más gasto en material para poder controlar a estas. Normalmente estas suelen incidir en las esquinas, y es aquí donde se suelen emplear las trampas de graves, para poder absorber toda la energía acumulada en las esquinas de las paredes o techos. Dependiendo del grosor del material que empleemos, podremos absorber una cantidad de energía y frecuencia determinada.

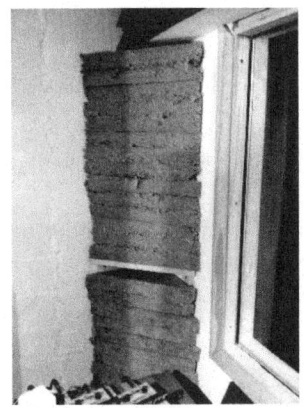

Trampa de grave de espuma   Trampa de grave casera con lana de roca

Diseño acústico de una sala

6.6.5 Algunos aspectos a tener en cuenta en los diseños de espacios

El campo de la acústica arquitectónica es un campo algo complejo y donde muchas veces los diseños están supeditados a la estética de los espacios. A pesar de todo ello existen una serie de pautas y normativas básicas las cuales nos pueden ayudar a conseguir un óptimo y mejor diseño.

- Diseñar la sala o espacio aislando los ruidos tanto externos como los internos de la propia sala.

- Partir de una forma de espacio en la que se eviten posibles ecos, y poder así centralizar el sonido en una deseada área.

- Minimizar un exceso de reverberación no adecuada para el tipo de sala/recinto.

- Adaptar los diferentes tipos de materiales al espacio.

- Optimizar las reflexiones del escenario de manera que las primeras ondas reflejadas estén lo más alineadas respecto al sonido directo de las fuentes sonoras.

Resulta algo complejo el poder diseñar una sala perfecta. Muchas veces debido a priorizar la estética ante la acústica o por un uso indebido ante el propósito de construcción de los espacios.

6.7 SISTEMAS DE MONITORIZACIÓN

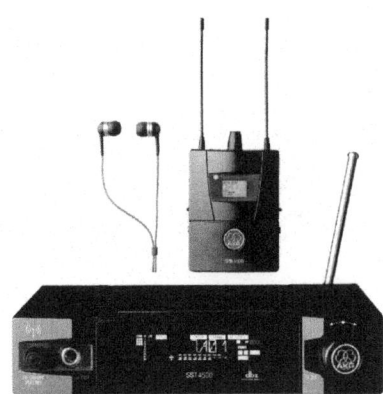

El sistema de monitorización o monitoraje es el conjunto de elementos y dispositivos electroacústicos los cuales interconexionados entre si y mediante una determinada manera, reproducen una mezcla de las señales emitidas en el escenario hacia las personas que en él se encuentran, para que éstas puedan escuchar con la mayor inteligibilidad posible el sonido que emite su propia voz o instrumento, así como el del resto de sus compañeros.

El sistema de monitores ha ido evolucionado durante los últimos años, quizás siendo la parte del sistema de refuerzo de sonido en vivo la cual ha ido creciendo hasta ser el subsistema del audio más importante y vital en cuanto a conciertos de gran envergadura o grandes festivales, ya que el sonido de este subsistema resulta vital para la óptima actuación de la banda o artista, y son ellos los que juzgaran el sonido de una actuación y como ellos se han sentido en el escenario. Independientemente de si en el control FOH y el público lo han escuchado bien o mal. La calidad del sonido en el escenario será el veredicto de los músicos para juzgar si ha existido un buen sonido o no en un concierto. Existen muchos artistas que realizan giras sin sus músicos habituales por el hecho de reducir costes de logística, estos artistas escogen a músicos de sesión afincados en el país donde el artista va a realizar sus conciertos, sin embargo, el artista sí que viaja con su técnico de sonido de monitoraje, ya que, sin él, es muy probable que no tenga una calidad interpretativa en sus actuaciones debido a no poseer una mezcla de monitoraje en la que se sienta cómodo. De ahí la relevancia de un técnico/ingeniero de monitores.

6.7.1 Sistema de monitoraje convencional mediante altavoces

Este sistema también es conocido como "cuñas" ya que estos específicos altavoces
están posicionados inclinados insurreccionados enfrente de cada músico

Siguen siendo un sistema muy empleado para las mezclas de los músicos del escenario. Ya que muchos artistas y bandas, al no poseer estos de su propio técnico de monitoraje debido muchas veces a la reducción de presupuesto para su caché de contratación, estos tienen que recurrir al técnico de la empresa de sonido de turno la cual ha ofrecido sus servicios para el alquiler y montaje de todo el sistema de sonido del concierto o acto.

6.7.2 Otros subsistemas de altavoces y monitorización en un escenario

Sistemas In-Ear

En la actualidad y desde hace ya unos años, muchos músicos vienen empleando sistemas personales de monitoraje mediante auriculares o "pinganillos".

Estos nos permiten obtener un sonido más limpio y personal sin existir las pertinentes perturbaciones propias de un sistema de monitoraje mediante altavoces posicionados en el suelo. Mediante este sistema resulta vital una buena mezcla del ingeniero de monitores para ofrecer a los músicos una mezcla basada en la realidad de la sensación del directo.

6.7.3 Aplicaciones para mezclas personalizadas en directos

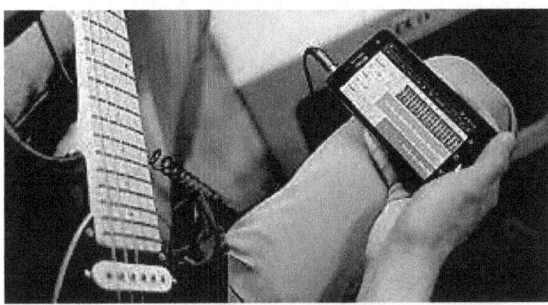

Existen en la actualidad diversas aplicaciones para los distintos dispositivos móviles como pueden ser los teléfonos móviles o tablets. Estas aplicaciones suelen ser desarrolladas por los diferentes fabricantes de mezcladores para sonido en vivo.

Un buen sonido no solo se consigue con una buena mezcla en el control FOH si no también bajo una buena mezcla de monitorización para los músicos. Mediante estas aplicaciones, los miembros de la banda pueden personalizar su mezcla en cualquier momento, sin afectar la mezcla del control de FOH, evitando de esta manera que los músicos intenten captar la atención del técnico de sonido en FOH en el caso de que tan solo existiera un solo técnico el cual sea el encargado de realizar las mezclas tanto del sistema de monitorización para los músicos como para P.A. Evitando comunicarse desde el escenario con misteriosos gestos con las manos los cuales muchas veces no son comprendidos o captados por el técnico.

6.8 MICROFONÍA DE AMBIENTE

Para conseguir una mezcla la cual pueda expresar la sensación real de un directo, se suelen emplear micrófonos posicionados en frente del público. Estos son un recurso para poder integrar el sonido de ambiente en la mezcla y conseguir ofrecer a los músicos una sensación de no aislamiento en sus sistemas de escucha In-Ear. Ya que estos ofrecen una sensación de aislamiento al ser un sistema de escucha cerrado.

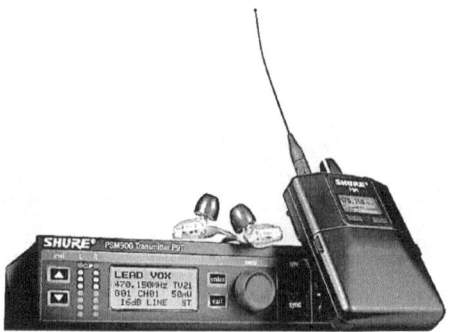

Sistema PSM900 De la compañía Shure

Como función principal, el personal sistema de monitoraje tiene que sonar lo suficientemente alto para que cada miembro de la banda se pueda escuchar a si mismo respecto al nivel de spl existente en el escenario. Para ello el técnico de monitores tendrá que lidiar con una mezcla personal de cada músico, las posibles perturbaciones físicas que puedan aparecer, unas buenas habilidades técnicas de manejo, y un grado elevado de psicología para lograr mantener contento a cada componente de la banda musical, así como las posibles excentricidades singulares y peculiares de estos. Todo esto no es tan fácil como parece, ya que para conseguir que cada músico esté contento con su monitorización habrá que realizar un buen trabajo en el control de monitorización.

6.8.1 Técnica: reducción de Feedback en los monitores de escenario

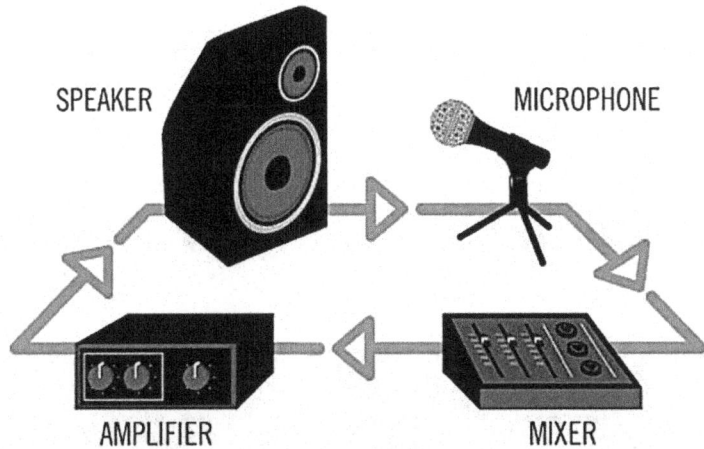

▶ Selección de una óptima microfonía según la fuente y el espacio a monitorizar.

▶ Parte de un nivel de monitorización moderado.

▶ Acorde al patrón y sensibilidad de los micrófonos, posicionar los monitores de tal manera que estos sean proyectados donde coincida el ángulo de menor rechazo y sensibilidad de los micrófonos.

▶ Obtén un nivel óptimo de nivel de ganancia en el preamplificador del mezclador hasta que surja un posible acople. Este será el "tope" para posicionar nuestra ganancia y actuar con nuestro ecualizador.

▶ Mediante el posicionamiento del ecualizador en 0 o "plano", obtén un factor Q estrecho de banda y comienza a subir frecuencias del ecualizador hasta que comiencen a surgir un posible acople. En base a la frecuencia atenúa dicha frecuencia bajando la banda del ecualizador hasta que el acople cese. De esta manera podemos eliminar los posibles y obtener así un mayor margen de ganancia en nuestros preamplificadores de nuestro mezclador.

Esta técnica nos resulta muy útil sobre todo cuando un solo técnico de sonido debe de ejercer las labores de mezcla tanto en el sistema de monitorización para los músicos en el escenario como la mezcla de P.A.

7

TIPOS DE SISTEMAS DE ALTAVOCES

En la actualidad existen una gran variedad de sistemas de altavoces para los sistemas de PA. La tecnología se ha democratizado y prácticamente casi cualquier fabricante dispone de una gama de equipos atractivos y de gran rendimiento.

Dejando aparte la siempre supeditación a la acústica y técnica en cuanto al manejo y comportamiento de la microfonía y los sistemas de sonido por parte de los intérpretes/ ponentes/oradores, no deberíamos tener demasiados problemas en obtener un buen audio en una sonorización, siempre y cuando el sistema haya sido debidamente ajustado y optimizado y los profesionales los cuales van a realizar los trabajos, tengan la suficiente experiencia y conocimiento como para saber lidiar con todos los factores que todo ello implica.

Antes de examinar las ventajas y desventajas de los distintos tipos de altavoces, es importante sopesar y reflexionar sobre ciertas consideraciones clave como:

- ► El tamaño del recinto el cual requiere la cobertura de sonido.
- ► Acústica del recinto.
- ► Calidad que se quiere conseguir.
- ► El grado de enfoque en la música y el tipo de música que el sistema necesita soportar.

- ▶ La arquitectura del espacio y la necesidad de enfocar el sonido lejos de las áreas acústicamente reflectantes.
- ▶ Posibles preocupaciones estéticas y líneas de visión.

7.1 FUENTE PUNTUAL

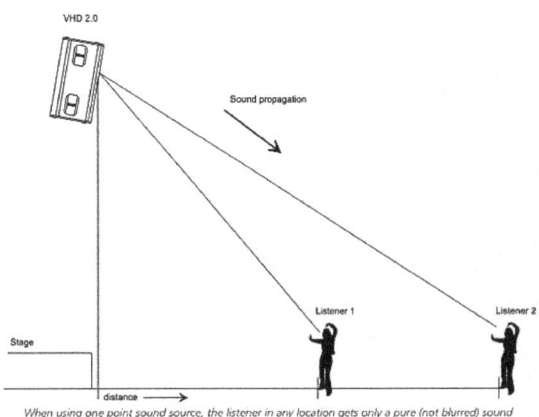

Si la fuente de sonido es mucho más pequeña que la longitud de onda del sonido que emite se puede representar mediante una "fuente puntual" o "monopolo". Esta tiende a irradiar el sonido por igual en todas las direcciones, es decir, con "simetría esférica". Imagina una pequeña fuente esférica que genera sonido al expandirse y contraerse rítmicamente. Cuando se expande, una onda de presión se transmite hacia afuera en todas las direcciones. El pulso de presión es seguido por un pulso de rarefacción. El campo de sonido resultante (debido a sucesivas compresiones y rarefacciones del fluido circundante) se ve igual en todas las direcciones.

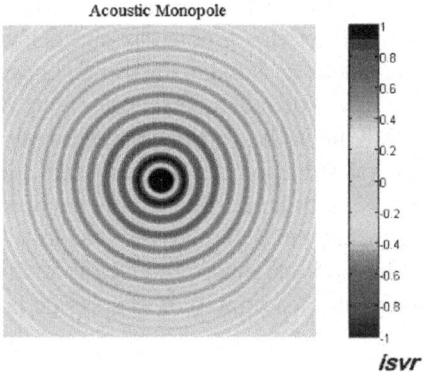

PROS:
• Mayor respuesta de impulso
• Cobertura consistente
• Mayor definición/inteligibilidad
CONTRAS:
• Mayor interferencia destructiva (reflexiones)
• Menor SPL
• Menor control de directividad

7.2 FUENTE LINEAL O MÚLTIPLE

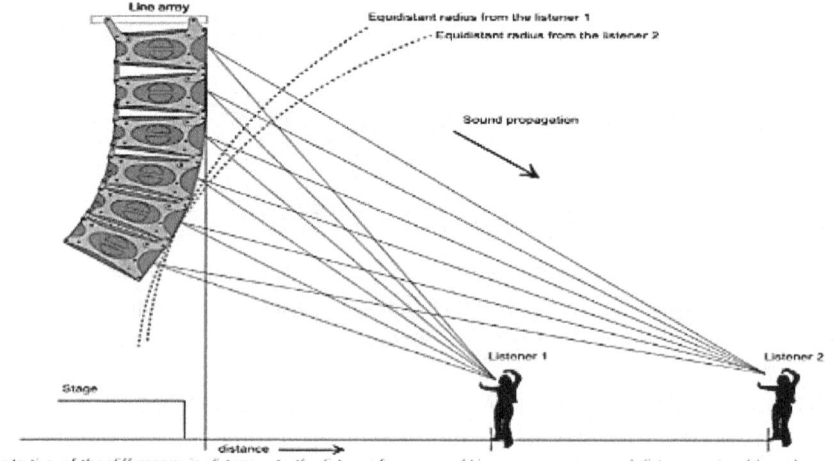

Illustration of the differences in distances to the listener from several Line array sources, each listener gets a blurred sound

Desde hace algún tiempo, los arreglos lineales se han utilizado predominantemente para grandes sistemas de sonido de concierto. Tener todos los componentes en una matriz de un solo eje ha resuelto ciertos problemas con respecto a los algunos de los problemas de filtro peine originados en el plano horizontal, a pesar de avanzar en ese eje, es en el vertical donde los altavoces de fuente lineal presentan interferencias destructivas en las múltiples bocinas de HF montadas verticalmente. La pérdida de altas frecuencias y cancelaciones debido a la perturbación del aire causada por el calor y el viento de la audiencia es otro problema importante. Los fabricantes han intentado corregir estos problemas de numerosas maneras, tanto a través del diseño acústico como de DSP, sin embargo, el resultado final ha sido una mayor reducción de la resolución, debido a las limitaciones del muestreo digital y los principios simples de la física que no se pueden ignorar.

Sistema Adamson E-series

Una fuente lineal maneja las divisiones de frecuencia exactamente de la misma manera: tweeters, rango medio y woofers, pero en lugar de depender de un solo transductor para cada rango, se emplean múltiples transductores, generalmente con una línea de muchos tweeters y, a veces, muchos conos de medias frecuencias. Las ventajas de múltiples transductores en un sistema de línea puntual son múltiples: cada driver tiene menos demandas y la forma de onda sale en un cilindro largo, vertical, en lugar de la onda circular en constante expansión de mediante un solo driver. Las ventajas de una fuente de línea frente a una fuente puntual se pueden resumir con bastante facilidad. El driver emite un sonido de fuente puntual en todas las direcciones y pierde energía rápidamente a medida que inunda la habitación en un plano de 180 °. Peor aún, este patrón de radiación expandido golpea el techo, las paredes y el suelo y se refleja de nuevo en la habitación fuera de sincronización (tiempo) respecto el lanzamiento inicial. Solo aquellos oyentes ubicados en un "sweet spot" estrecho pueden disfrutar del mejor sonido. Una fuente lineal irradia un patrón más enfocado en forma de un cilindro vertical el cual, por encima de aproximadamente 500Hz, casi no tiene reflejos del suelo, techo o pared lateral para disipar energía y aumentar la confusión sónica. Al no tener dispersión vertical a sobre ninguna frecuencia, no se crea ninguna interferencia perjudicial de estas superficies (como en prácticamente todos los demás tipos de altavoces).

PROS:
• Imagen de audio psicoacústica óptima
• Mayor entrega de SPL
• Mayor control de la distancia de radiación
• Directividad/cohesividad/cobertura
• Facilidad en los mecanismos de montaje
CONTRAS:
• Interferencia destructiva entre elementos/componentes
• Mayor desfase en las altas frecuencias
• Requiere de procesamiento de alineación del sistema (sistemas complejos volados)
• Muy vulnerables/susceptibles a factores medioambientales o posibles alteraciones físicas (viento/humedad/aforo)

7.3 SISTEMAS PASIVOS

Sistema pasivo GT 2x10 L.A de Pro-DG Systems

Los altavoces pasivos no tienen fuente de alimentación incorporada, por lo que deben recibir alimentación externa para producir sonido. Esto generalmente se logra con un amplificador de potencia que puede alimentar múltiples altavoces. Los altavoces pasivos suelen ser la mejor opción si se necesita un sistema grande o se está buscando expandirse en el futuro, ya que estos, pueden ser alimentados fácilmente con una pequeña cantidad de etapas de potencia. También son mucho más ligeros debido a la falta de componentes electrónicos integrados, lo que significa que son más fáciles de transportar en cantidades. En la actualidad, casi todos los principales fabricantes de sistemas de altavoces apuestan por los sistemas pasivos.

PROS:
• Expansión del sistema
• Libre configuración
• Facilidad de reparar/reemplazar los componentes
• Peso
CONTRAS:
• Requieren de más Hardware
• Configuración/adaptación con las etapas
• Montaje

7.4 SISTEMAS ACTIVOS

Este sistema de altavoces es alimentado internamente tanto a la red eléctrica como al sistema de amplificación, generalmente poseen su propio interruptor de encendido / apagado, control de volumen y opciones de conectividad adicionales. Debido a que la potencia y el amplificador están integrados, los altavoces activos son mucho más fáciles de configurar y más prácticos de conectar a varias fuentes. Son ideales para configuraciones de reducidas dimensiones. Son varios los fabricantes que apuestan por los sistemas autoamplificados para el desarrollo de sus sistemas.

Sistema activo del modelo "Leopard" de Meyer Sound

PROS:
• Montaje
• Configuración
• Reciclables como monitores/Sidefills
CONTRAS:
• Subordinados a sus etapas internas
• Reparación/reemplazo de componentes
• Peso

7.5 SISTEMA PRINCIPAL DE PA

Son los altavoces principales encargados de cubrir el área principal de los espacios/ recintos acústicos. Estos pueden basarse en un único altavoz por cada lado o por lo contrario en un array compuesto por varios altavoces en cada lado o incluso varios clusters de altavoces centrales/laterales. Todo ello dependerá de la geometría del espacio a cubrir.

7.6 TIPOS DE SUBSISTEMAS

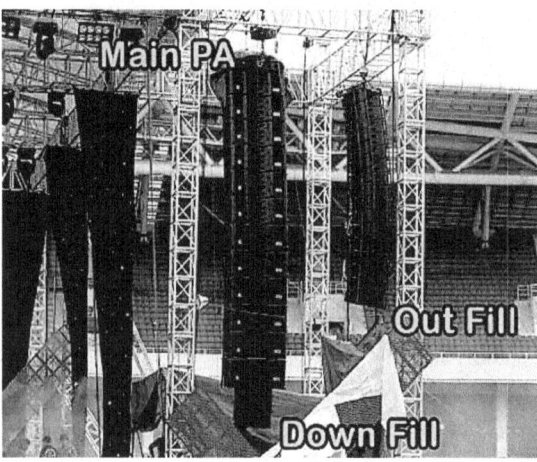

Los subsistemas de altavoces vienen a ser el conjunto de altavoces relacionados entre si, los cuales forman un sistema completo de refuerzo de sonido. Estos complementan las áreas de cobertura donde las distintas fuentes principales (puntuales o lineales) no llegan en cuanto a la cobertura. Por lo tanto, para tener una buena cobertura y optimización fuera de estos ejes, colocamos sistemas complementarios al sistema principal de PA.

Estos sistemas pueden trabajar tanto en radiaciones en planos horizontales como en verticales. Vamos a ver algunos de los más empleados en los refuerzos de sonido. Cualquier sistema de altavoces con la terminología "Fill" (relacionado con el sonido en vivo) es un apodo dado a un altavoz para su propósito, lo que implica que hay otro sistema de altavoces que es mucho más dominante en la sala o cubre más el área.

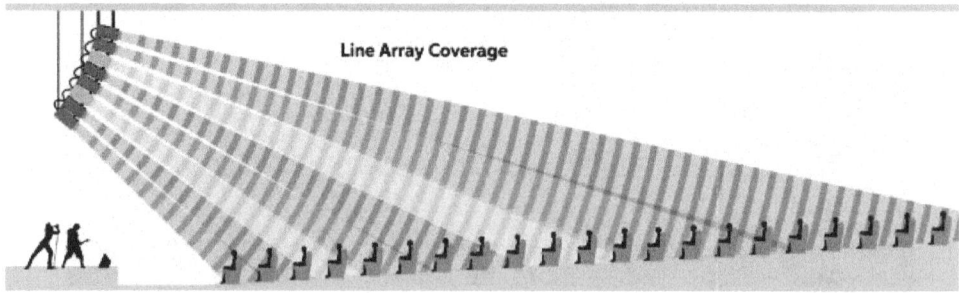

▶ **Out fill:** estos se suelen sitúar fuera del escenario para cubrir un área de audiencia no cubierta por el principal sistema de PA. En general posicionados distanciados de FOH izquierdos y derechos del escenario.

▼ **Front fill/Lip Fill:** pequeños altavoces colocados en el borde frontal del escenario para cubrir el área generalmente en el medio de las primeras filas de asientos. Esta es otra área la cual la PA principal no suele cubrir bien.

▼ **Center fill:** empleados para grandes escenarios. Aplicando el volumen suficiente para cubrir las primeras filas a las que la cobertura de la PA no llega. Generalmente filtrados desde los 120Hz para abajo.

▼ **Side fill:** normalmente altavoces altos o monitores elevados en dos esquinas frontales del escenario ("abajo a la izquierda" y "abajo a la derecha") apuntando hacia el centro del escenario. Siendo una manera de "arropar" y reforzar el sonido a los músicos en el escenario.

▼ **Down Fill:** altavoces que son parte del conjunto principal de PA volado pero angulados estos hacia abajo para cubrir el área de audiencia en frente del line array, pero debajo de la cobertura normal de este.

▼ **Fill in:** generalmente se sitúan cerca / debajo de la PA principal izquierda o derecha apuntando hacia el centro de la fila delantera. Usualmente se usa cuando los Front Fills no son deseados o cuando estos bloquean el escenario.

▼ **Monitores:** son empleados independientemente del sonido del sistema principal de PA. Para el refuerzo en la escucha del propio músico, así como para la mezcla individual que estos necesitan como referencia.

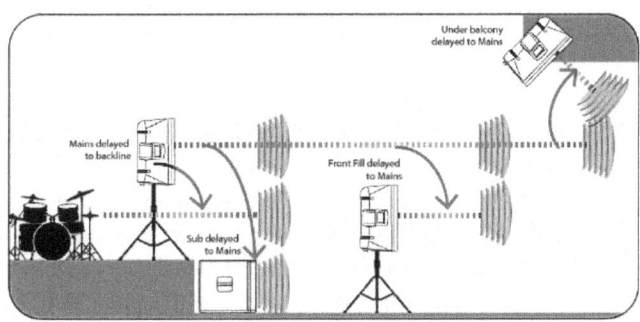

Cada vez que coloquemos altavoces a diferentes distancias de la audiencia, debemos retrasar los altavoces que están más cerca de la audiencia para que el tiempo de llegada del sonido hacia el oyente sea coherente respecto al sistema principal de PA.

Hay una fórmula simple que puede usar para calcular este tiempo de retraso:

$$Ds = X / C * 1000$$

Ds es el retraso en milisegundos.
X es la distancia de los altavoces principales en pies.
C es la velocidad del sonido en pies / segundo, que depende de la altitud y la humedad.

A pesar de todo lo científico que todo esto parezca, existe algo de "arte" en establecer los tiempos de retraso. Por ejemplo, los altavoces de relleno generalmente no necesitan cubrir completamente las frecuencias bajas, por lo tanto, es bastante probable que deseemos retrasarlos unos milisegundos adicionales, utilizando el efecto Haas para crear la ilusión de que todo el sonido proviene del sistema principal de PA.

La conclusión de todo ello no es más que la de recordar que independientemente del lugar, la cobertura de los altavoces es tanto un arte como una ciencia, especialmente si estamos trabajando con recursos limitados. Teniendo en cuenta los conceptos que hemos analizado, podemos obtener una cobertura casi perfecta, pero en la mayoría de los casos obtener la mejor cobertura posible de altavoces PA es cuestión de dedicar tiempo a colocar los altavoces, caminar por el lugar y usar los oídos para emitir un sonido crítico en nuestras decisiones de refuerzo de sonido.

7.7 SONIDO INMERSIVO

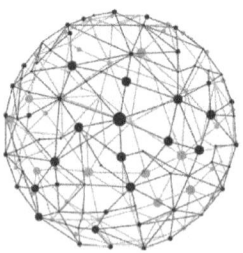

Son muchos los años los cuales llevamos lidiando con los sistemas estéreo. Pero cada vez son más los fabricantes los cuales están desarrollando tecnologías capaces de ofrecer al público nuevas sensaciones de escucha. En la actualidad, mediante el potencial de los DSP, se pueden llegar a diseñar espacios exclusivos en 3D con mezclas inmersivas basadas en objetos. Esto se traduce a poder trasladar al público la ubicación exacta de cada uno de los músicos del escenario donde se añade un plano en el eje vertical lo cual brinda al oyente un plano de escucha esférico a su alrededor y donde se puede tener en cuenta de donde proviene un sonido. De la misma manera, se pueden realizar mezclas coherentes respecto a lo que estamos visualizando y lo que estamos escuchando con nuestros oídos, en lugar de intentar "recrear" algo mediante dos canales estéreo en los sistemas de altavoces. Obteniendo de esta manera, un sonido más natural y realista cercano a como si lo estuviéramos haciendo, escuchando un instrumento acústico sin amplificarse. Preservando la dinámica y la profundidad sonora. Fabricantes como Meyer sound mediante el sistema Constellation, L-Acoustics con el L-ISA o d&b con el Soundscape llevan ya un tiempo cubriendo grandes eventos con dichos sistemas. Más que la técnica empleada para conseguir tal experiencia o resultado, lo que verdaderamente importa es la experiencia del oyente. Algunas de las características del sonido inmersivo son:

PROS:
• Escucha 360°
• Requieren menor potencia
• Unificación del plano sonoro con el visual
• Mayor definición y transparencia sonora
• Menor necesidad SPL
• Mejor visualización del escenario
CONTRAS:
• Coste
• Complejidad del montaje
• Adaptación a los distintos espacios

8

SUBGRAVES

SX18 de Martin Audio

Desde aproximadamente el año 1900 hasta 1950, 100Hz era la frecuencia más baja empleada a uso práctico en las grabaciones, en transmisiones de radio o reproducciones musicales. Así como la P.A se utiliza para fortalecer los sonidos y poder ofrecer un mejor equilibrio entre los instrumentos para que las personas de la audiencia puedan escucharlo todo. En los años 30´s y 40´s era más habitual tener solo uno micrófono para el cantante y nada más.

Posteriormente, cuando la música rock creció en los años 50´s y 60´s esto cambió para poder controlar la música de manera más fuerte como también para poder dominar el ruido de la propia audiencia.

Para reproducir las frecuencias más bajas de la música se utilizó un altavoz llamado **woofer** utilizado durante los años 70´s. Por entonces, el punto de cruce entre las frecuencias más altas y bajas era generalmente alrededor de 500Hz mediante un altavoz de 15" en un recinto infinito. Fue a principios también de los años 70´s cuando la compañía Altec introdujo el primer sistema biamplificado para mejorar de esta manera las especificaciones de distorsión y aislar el rango vocal de los componentes del sonido de bajas frecuencias (bombo, bajo), lo cual requería la mayor parte de la potencia de los modestos sistemas de amplificación de la época. Dichos primeros métodos activos de biamplificación fueron clave para el desarrollo de los crossovers activos, lo cual fue una de las innovaciones más importantes del audio desde la invención de la bocina y antes de los line array.

Sistema pionero biamplificado Altec "The voice of theatre"

Posteriormente, cuando la música disco, con sus potentes graves del bombo, comenzó a ser extremadamente popular a finales de los años 70´s, la reproducción de audio requería algo nuevo para reproducir el rango de frecuencias de los graves del bombo. Se desarrollaron nuevos altavoces con frecuencia de cruce a 80Hz, permitiendo reproducir el sonido entre 40Hz (una octava por debajo de 80Hz) y 120Hz (media octava por encima de 80Hz). Estos altavoces se hicieron conocidos como subwoofers ya que sonaban por debajo de los propios woofers.

En general, los subwoofers se suelen emplear en arreglos en mono. En estéreo no parecen ofrecer ventajas perceptivas significativas en el sonido en vivo, pero sirven para reducir la variación espacial sobre un área de audiencia, lo que permite una experiencia auditiva más igualitaria en eventos en vivo a gran escala.

8.1 SISTEMAS PASIVOS/ACTIVOS

Al igual que ocurre con las cajas full range, existen tanto sistemas de subgraves activos como pasivos, las ventajas y desventajas de estos, son prácticamente similares a las de los "mains", vamos a ver algunas de las características de estos.

8.1.1 Sistemas de subs pasivos

PROS:

- Flexibles en cuanto actualizaciones, al no tener que reemplazar altavoz/etapa
- No requiere un rack de etapas externo
- Conexión directa a un mezclador
- Se pueden emplear sistemas de cables standard speakon y menos XLR
- Más ligeros y sencillos de instalar
- Fácil de configurar
- Se puede acceder fácilmente al amplificador, pudiendo reemplazar cualquiera de los componentes sin la necesidad de sacrificar la caja entera

CONTRAS:

- El amplificador debe de mantenerse cercano a los altavoces
- Mayor degradación de la señal de audio debido a las distancias de cableado
- Adaptación a los distintos espacios
- El amplificador debe de coincidir con las características del altavoz para obtener una calidad y volumen adecuados

8.1.2 Sistemas de subs activos

PROS:

- Predecibles: el fabricante ha desarrollado un sistema de amplificación específico para cada caja
- No requiere un rack de etapas externo
- Conexión directa a un mezclador
- Reduce la degradación de la señal de audio que sucede cuando se emplean largas distancias de cableado
- Requieren menor ecualización (amplificador y caja suelen estar sintonizadas mediante un preset)
- Fácil de configurar

CONTRAS:

- Precisan más potencia de elevación (rigging y soportes extra)
- Complejidad del montaje
- Adaptación a los distintos espacios

9

EL INGENIERO DE SISTEMAS

Desde hace unos años atrás (ya hace unos cuantos más en U.S.A. o U.K.), Se ha creado una nueva figura en el sector llamada "audio system engineer" o Ingeniero de sistemas en la lengua de Cervantes. Esta figura es la de un profesional especializado en realizar los ajustes y correcciones, así como la optimización en el funcionamiento de los sistemas de audio. Sin entrar en profundos detalles, y a nivel global, este es el que realiza la optimización mediante los diferentes softwares de diseño, predicción, medición y cálculo (los cuales algunos de ellos, veremos después) de todo el sistema de audio, así como el diseño sonoro del equipo que va a intervenir en dichas alienaciones. Aplicando los respectivos retardos digitales entre las diferentes fuentes sonoras, así como el mejor rendimiento de los procesadores y etapas de potencia. En mi casi personal mi primer contacto con el aprendizaje de los ajustes de sistemas, lo tuve la primera vez que Meyer Sound realizó un seminario en Barcelona con Mauricio Ramírez "Magu". Sinceramente no pude llegar a aprovechar al máximo toda la información que se impartió en los 5 días del seminario. Ya que todo ello era información bastante densa, completamente nueva y desconocida por casi la mayoría de los que asistíamos en aquella época.

Allí estábamos unos cuantos "freakys" del sonido por entonces. Entre algunos de estos estaba también mi colega de gremio Pepe Ferrer, el cual posteriormente y en la actualidad es uno de los referentes nacionales en cuanto a los diseños y ajustes complejos de sistemas de audio. El cual también ha publicado un libro donde profundiza a cerca de ello y con su escuela y programa de formación Global Audio Solutions, el cual está realizando una muy buena labor en la educación, formación y reciclaje de los profesionales del sector del "metal".

9.1 LOS BEATLES Y EL ORIGEN DE LOS PRIMEROS SISTEMAS DE SONIDO

Vamos a revisar un poco la historia y ver el origen de los complejos sistemas de refuerzo. Según palabras de Billy Hanley, pionero del refuerzo de sonido a gran escala, incluidos los sistemas para los Beatles, Filmore y Woodstock:

Billy Hanley desde el control de P.A en Woodstock sonorizando
con no mucho más de 3.500 wattios de sonido

"Los Beatles marcaron un punto de inflexión y una revolución en la historia del refuerzo de sonido en los directos.

El sonido cambió de ser de alta fidelidad (fidelidad de reproducción) en época de los Beatles, hasta llegar a convertirse en una batalla de niveles sonoros. Con los Beatles, los niveles en el escenario fueron cada vez más altos, y el sistema de sonido de apoyo creció solo para mantenerse al día".

Los Beatles sufrieron el aún no disponer por aquella época de un sistema de sonido adecuado para poder representar sus conciertos.

Vista del equipo empleado como sistema de sonido para los Beatles

"Llegué a los Beatles cuando la electricidad se convirtió en una extensión del músico, aprendí y armé muchos equipos. Tenía cuatro amplificadores RCA 600W que salieron de un buque de guerra. Pesaban doscientos o trescientas libras cada uno y no tenían una gran respuesta en las altas frecuencia. Este, debía administrar las entradas con 100W, pero eso no fue suficiente. Cuando esos muchachos subieron al escenario, fue un pandemónium absoluto: no se podía escuchar el sistema de sonido, no se podía oír nada de sus instrumentos o voces. 46,000 adolescentes gritando a todo pulmón, ruido ambiental de + 120dB".

Los sistemas de sonido de la época no disponían de la potencia necesaria para sobrepasar el ruido y los gritos de su público fan durante la "Beatlemanía".

Una gran parte de la alegría y la felicidad que le sucede a la gente en los conciertos es en la intensidad y la fidelidad que ello transmite. Henley fue uno de los primeros en enloquecer y obsesionarse con todo eso y tratar de trasladar ello a las masas.

The Los Beatles en una actuación el 15 de agosto de 1965, en el Shea Stadium

9.2 THE GREATEFUL DEAD & AUGUSTUS OWSLEY "BEAR" STANLEY III AND "THE WALL OF SOUND"

Muchos de los profesionales y fabricantes de la actualidad, quizás tampoco sepan lo mucho que le deben a otra industria como fue en su día la industria del LSD. Ya que fue el reconocido químico Augustus Owsley "Bear" Stanley III, ingeniero y amigo mecena de la banda americana de Rock Psicodélico Greateful Dead (el cual previamente ya había estado financiando grabaciones de algunos de los conciertos de la formación) quién visionó lo que iba a ser una posterior revolución en la creación de los altavoces en los directos como iban a ser los line arrays.

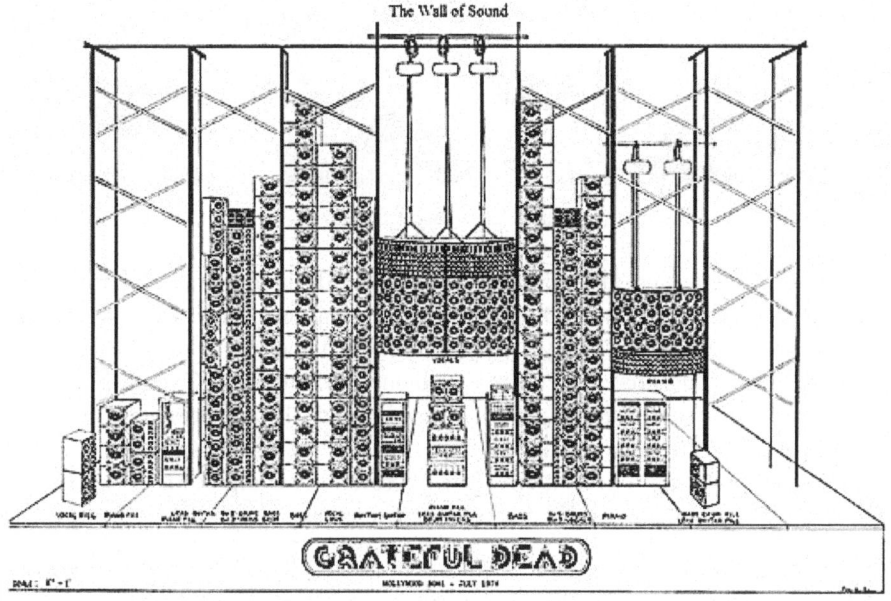

Todo esto ocurría al principio de los años 70´s, desarrollando al completo el sistema por el año 1974. Todo ello comenzó, estando Bear reunido junto al resto de la banda debatiendo sobre los siempre presentes problemas de sonido que se encontraban estos en todas sus actuaciones, cuando "Bear" comentó que la solución que este encontraba para mejorar el sonido era la de colocar los altavoces justo detrás de cada miembro del grupo y así de esta manera, el público escuchase lo mismo que escuchaban ellos en el escenario. Cada instrumento y músico, iba a tener sus propios altavoces ubicados estos detrás de cada músico, separando y sectorizando así de esta manera el sonido de cada una de las agrupaciones de altavoces. Algo que otorgó a los directos de los Greateful Dead un concepto audio-visual en su sonido.

Augustus Owsley "Bear" Stanley III

Esto en su día era algo tan avanzado, que, a día de hoy, y tras muchos años ya después, incluso lo sigue siendo. Dicho sistema se componía nada más que menos de unos 600 altavoces de Jbl (15", 12"y 5"pulgadas) junto a unos 50 tweeters Electrovoice, alimentados a través de unas 50 etapas de potencia Mcintosh MC3500 (a válvulas). Como peculiaridad de todo ello, es que era la propia banda, la que, de manera individual, se automezclaba, ya que cada uno de los miembros de esta, poseía su propio control de volumen, el cual controlaba el volumen de sus micrófonos y equipos, los cuales enviaban la señal a las columnas de altavoces que estos tenían situadas justo detrás de ellos.

Los cuales actuaban como de un propio monitoraje, y a la vez como P.A. Un total de seis P.A independientes, una para cada músico, eliminando la necesidad de tener que mezclar todos los sonidos en un solo sistema estero de altavoces. De igual manera no era necesario el ajustar los panoramas y niveles en un mezclador, siendo todo esto el resultado de un verdadero ajuste lineal. El técnico de la banda por entonces, tan solo se limitaba a controlar de que todo el cableado estuviera correctamente conectado, y el que no hubiese ningún fallo en el sistema.

Todo lo contrario de hoy en día, donde las mezclas de sonido recaen en el técnico de sonido de monitores o P.A.

Pese a lo que pudiera parecer, la física funcionó al hacer coincidir la altura de los altavoces con las longitudes de onda acústicas, con una distorsión de intermodulación excepcionalmente baja. Originando una calidad similar a la del efecto de un gran órgano de tubos.

Uno de los conciertos de Greateful Dead con el mítico sistema de sonido "Wall of sound"

El viento, que siempre había sido un factor enemigo, parecía que no tenía tanta repercusión ante el sistema "The Wall of sound" creado por los Greateful Dead. Cosa que sorprendió mucho a todo el mundo y del que se habló por todas partes en la fecha. En la creación y desarrollo de este, se dieron cita ya por entonces, muchos de los audiogurus del mundo del sonido.

Regresando a los actuales ingenieros de sistemas, no es extraño el ver a muchos de ellos con un ordenador, una interface y uno o varios micrófonos de medición ubicados en distintos puntos del recinto (A pesar de que son aún pocos los que saben interpretar las diferentes funciones que ofrecen los diferentes softwares de medición). Puedes ver también a muchos técnicos, con el ordenador al lado o encima del mezclador, en modo de analizador de espectro gráfico, magnitud o coherencia de fase. A parte de que da un poco de más profesionalidad en lo estético (ya sabemos lo mucho que esto importa a una mayoría de gente), sinceramente resulta muy útil el poder disponer de un analizador de espectro y poder detectar posibles acoples o magnitud de las frecuencias del espectrograma. Me encontré una vez con un técnico que mezclaba P.A, el cual me decía que llevaba todo el kit, porque si no, no parecía que le estuvieran pagando por hacer algo. Dejando aparte curiosidades e historias de diferente índole, vamos a ver el papel que juega todo ello, en el proceso de un sistema de sonorización.

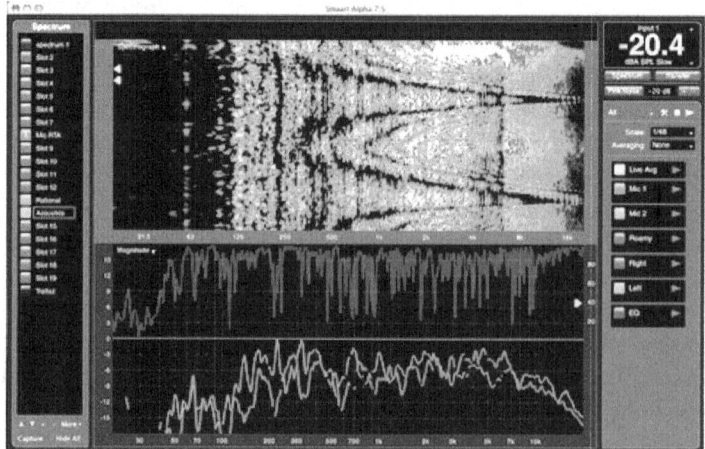

Dado que los sistemas de megafonía modernos son cada vez más complejos, estos requieren de conocimientos técnicos para realizar bien el ajuste y alineación de todo el sistema. Es ahí donde aparece la figura del ingeniero o técnico de sistemas. Además, los ingenieros de sistemas generalmente administran el FOH y supervisan a los ingenieros de sonido cuando estos están sonorizando. Tienen sobre ellos la responsabilidad del funcionamiento y rendimiento del equipo, siendo profesionales que han tenido que realizar diversos cursos especializados para poder comprender y ejercer con su trabajo. El objetivo es bastante sencillo: proporcionar a la persona que mezcla el sonido, una optimización y rendimiento óptimos para realizar la mezcla o sonorización de cualquier evento. Para lograr esto, debe haber un sistema de audio apropiado para la aplicación, optimizado para el rendimiento, instalado de manera adecuada y segura, y que entregue el resultado deseado. Estando este en un perfecto estado de funcionamiento.

Smaart Live

En la actualidad se dispone de varios softwares de cálculo y medición. El smaart live es quizás el más popular y el más utilizado.

Existen otros como el Sim de Meyer sound por citar tan solo alguno de los diferentes programas de medición. También existen softwares de predicciones acústicas como el Mapp y otros programas para aplicaciones avanzadas de procesamiento digital de señales. En la actualidad disponemos de herramientas muy avanzadas para poder realizar precisos y complejos ajustes de sistemas.

Pero a pesar de ello, aún resulta difícil el poder predecir los constantes cambios que presentan los recintos o espacios donde se sonoriza. Por muy minuciosa medición que se realice, si esta es realizada en un espacio cerrado y sin público, esta poco se va a ajustar con la realidad a la hora del evento. Ya que existen diversos factores los cuales van a alterar completamente el sonido del ajuste que se realizó previamente al concierto. No hay que olvidar de que el sonido de un espacio es dinámico y por lo tanto fluctúa. Factores como la difusión, la absorción de la gente, el aire, el calor o el viento varían de manera constante en un mismo espacio. Por poner un ejemplo tangible, si se ha realizado un ajuste de equipo supongamos que a media mañana del día, a esa hora es posible que, si estamos en el mes de junio, habrá un espléndido sol casi seguro, habiendo tal escenario, la parte del suelo caliente refractará el sonido extendiéndolo hacia una buena distancia.

Estas podrían ser las circunstancias cuando tomemos nuestra medición a media mañana, horas antes de la actuación.

Por lo tanto, la parte de cobertura donde el suelo es más frío que el aire, acortará el área de cobertura, ¿qué pasa cuando entre el público y haga subir la temperatura del suelo?, ampliando de esta manera la cobertura.

Cuando existen esos aumentos o disminuciones del área de cobertura, se suelen producir unos cambios tonales bastante notorios. Siendo las altas frecuencias (agudos) las bandas más afectadas por los cambios y variantes que se producen en ese fenómeno llamado refracción. Por lo tanto, cuando se reduce el área de cobertura, el sonido en el área de cobertura se volverá más brillante, debido al exceso de agudos. Dicho todo esto, mientras quizás el ingeniero de sistema a la hora del espectáculo se encuentre ya cenando tranquilo en su casa, explicándole a su mujer lo bien ajustado y optimizado que dejó sonando el equipo en ese evento , no será otro que el ingeniero de P.A que se encuentre mezclando esa noche, el que realmente hará que ese equipo que estaba ajustado bajo una predicción totalmente fuera de la realidad y nuevas condiciones, sea nuevamente ajustado de manera más realista y acorde a la realidad de las circunstancias, mediante el empleo de herramientas como los canales de los ecualizadores del mezclador, así como los gráficos o paramétricos disponibles, quizás en el mejor de los casos con los procesadores de los equipos, pero sobre todo será mediante el uso de la más preciada y precisa de las herramientas las cuales disponemos, que no es otra que la de nuestros oídos. He visto a técnicos muy buenos ajustando equipos de sonido y conocedores del comportamiento de estos, teniendo conocimiento de cualquier superficie o software, pero que contrariamente no saben mezclar bien un concierto. De hecho, muchos técnicos que anteriormente se dedicaban a mezclar, se han cambiado al sector del ajuste de equipos. Algunos de estos técnicos de sistemas contrariamente dicen que los que se dedican a mezclar directos, no tienen ni idea de cómo suenan los equipos. Como veis la polémica está servida en la mesa. Lo que, si os puedo asegurar, es que existen aún varias empresas las cuales no saben realizar un ajuste de equipo, muchas de ellas culpabilizan y se justifican el no disponer de tiempo para así hacerlo. Siendo el ingeniero que va a mezclar el concierto el que mediante sus oídos y las distintas herramientas de ecualización (ya sean hardware o software) como os he comentado con anterioridad, el que va a hacer que dicho concierto o desajuste de equipo, suene y rinda lo mejor posible. Anteriormente no se ajustaban los equipos y los conciertos sonaban igual o mejor que hoy, también por supuesto había quizás mejores bandas. Ajustar y optimizar los subwoofers con el Full Range, siempre va a hacer que este suene y trabaje de una manera más eficiente existiendo una suma y coherencia muy favorable y positiva en todo ello. Ahora bien, esto no es algo que resulte vital o definitivo para nada. Cuando se emplean varios altavoces distribuidos a lo largo de un mismo espacio y a muy diversas distancias entre si, el ajuste del sistema, sí que se convierte en algo casi obligatorio, si queremos asegurarnos de una inteligibilidad a lo largo de todo el recinto sonoro.

Esta sería la realidad y suma de todos los factores que se presentan a la hora de sonorizar un espectáculo.

9.3 CHEQUEO DEL SISTEMA

Existen aspectos básicos/físicos los cuales tenemos que verificar antes de comenzar a probar el equipo. El perder un breve tiempo en ello, nos evitará de posibles problemas que podríamos tener a posteriori, estos son tan solo algunas de las verificaciones que se realizan de forma rudimentaria:

▼ Comprobación del cableado del sistema.
▼ Cables de red.
▼ Cables entre altavoces.
▼ Adaptación de las impedancias entre cableado/equipo.
▼ Polaridad entre todos los cables.
▼ Estabilidad de la toma de la corriente eléctrica.

De igual manera y por lógica, antes de volar un sistema array, se deberán de probar los diferentes altavoces comprobando uno por uno si estos suman perfectamente entre si, sin que existan posibles problemas. En caso de equipos puntuales, las comprobaciones son exactamente las mismas.

En la actualidad muchos de los fabricantes de sistemas de equipos, tienen modernos e inteligentes sistemas y protocolos de red, mediante los cuales podremos realizar un autotest para verificar cualquier posible anomalía del sistema. Detectando estos, posibles errores en la conexión del cableado de los altavoces o las etapas de potencia, la estabilidad del suministro de corriente e incluso las correctas impedancias entre el conexionado.

ⓘ NOTA

No hay que olvidar nunca esa función "mágica" que tienen todos los equipos, que es el switch de ON/OFF. Mediante la acción de este, podemos resolver muchos de nuestros problemas con los equipos. Entendiendo que estos, no dejan de ser maquinas fabricadas y programadas por humanos, y por lo tanto también es posible que estas algunas veces que otras den errores en su funcionalidad. En la actualidad y debido que muchos de los equipos van conectados mediante protocolos de redes de conexionado. Muchas veces el problema viene más dado por el técnico que opera con estas, desconociendo en algunos casos el completo funcionamiento de los equipos.

9.4 PROGRAMAS PARA REALIZAR EL AJUSTE DE LOS EQUIPOS

Existen diversos programas con los cuales podemos realizar diversas funciones en los cálculos necesarios para realizar un ajuste del equipo de sonido. Quizás el Smaart live de Rational Acoustics es el más popular y de los más empleados entre los profesionales. Este nos será de ayuda en el proceso de ajustar y alinear los sistemas de altavoces de una manera óptima. Basado en un analizador plataforma de software basada en la FFT de doble canal que, utilizado para poder ver el contenido de frecuencia de las señales, o para medir la respuesta eléctrica y electroacústica de nuestro sistema de sonido. También podemos detectar mediante este, los tonos o frecuencias de interés para la supresión de acoples. Podemos analizar el retardo mediante la función de impulso, la fase mediante la función de transferencia y el analizador de espectro el cual muestra las diferentes magnitudes y valores de las frecuencias.

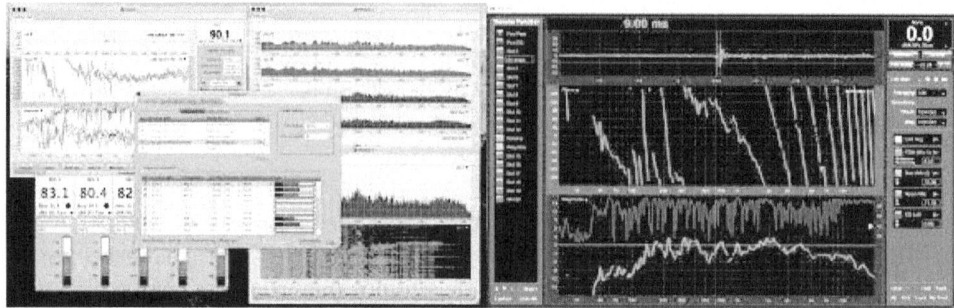

Smaart live

9.5 SOFTWARE DE PREDICCIÓN & DISEÑO DE SISTEMAS/ ANÁLISIS DE CÁLCULO Y MEDICIÓN

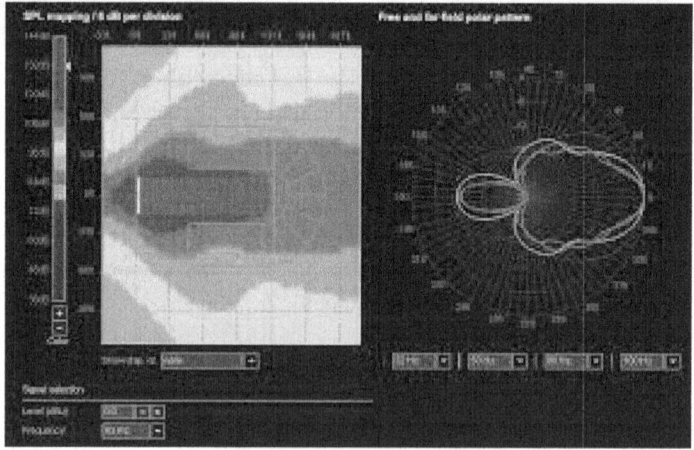

Soundvision de L-Acoustics

Como me he referido con anterioridad, la tecnología avanza a pasos agigantados, desarrollando y ofreciéndonos herramientas sumamente potentes tanto en la predicción como en el análisis de mediciones acústicas. Un campo muy amplio y donde existen varios profesionales y empresas que están realizando una magnífica labor en el área formativa y divulgativa, ofreciendo reciclaje e información a los diversos usuarios, así como profesionales del sector. Si echáis un vistazo por la red, podréis ver los diversos seminarios que estos ofrecen de forma regular, y de esta forma poder realizar cualquiera de los que más se ajusten a vuestras necesidades. Lo importante de todo ello, es que cojáis los conceptos de su comportamiento, así como la funcionalidad de cada programa y sus diversas aplicaciones/utilidades, ya que con unas básicas y simples fórmulas podremos realizar cualquier ajuste básico de un sistema de audio. En el mundo digital, como ocurre con muchos de los diferentes interfaces, mezcladores, redes de matrices o procesadores y demás equipos, cada fabricante tiene su propio software desarrollado para sus propios equipos o sistemas. No quedando otra que el aprender cada una de las diversas funciones de estos. Una vez se llega a entender el lenguaje que emplean los distintos equipos, casi todos lo hacen de una manera muy similar, quizás cambiando y sufriendo ligeras variaciones en el nombre que cada fabricante asigna en las distintas funcionalidades asignadas en sus equipos.

Como ejemplos de algunos programas de predicción y diseño de sistemas, están el Sound Vision de L-Acoustics, Mapp de Meyer sound o el ArrayCalc de D&B AudioTechniks, entre algunos de ellos. Ambos programas nos facilitan el diseño de un mapa sonoro adaptado completamente a las exigencias requeridas por cada usuario y situación.

Algunas de las funciones básicas de estos softwares son:

- Predicción en el cálculo del número total de altavoces.
- Angulación del sistema de array empleado en el área de la cobertura que necesitamos.
- Predicción del comportamiento del equipo.
- Delays y ajustes entre cajas.
- Distancia de la radiación de nuestro equipo.
- Optimización del rendimiento de todo el sistema.

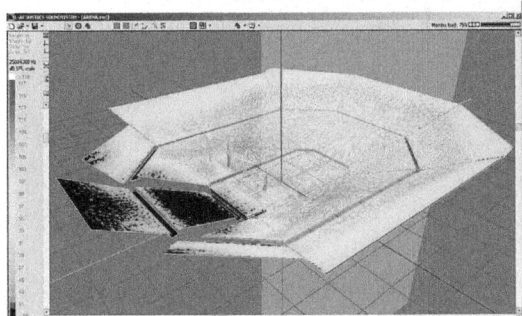

Sound visión de L-Acoustics

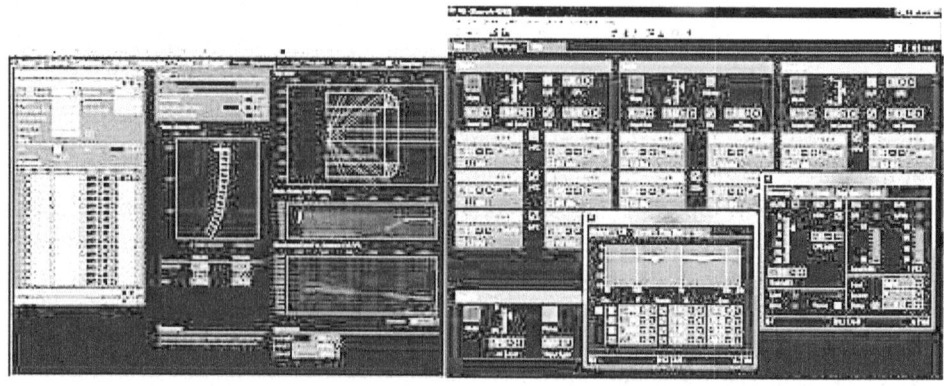

ArrayCalc de D&B Audiotechnik　　　　　　R1 Remote control software

Algunos de estos valores, son archivos perfectamente integrables y exportables a los diferentes softwares de control remoto de los mismos fabricantes, los cuales nos permitirán introducirlos en los procesadores (DSP) de estos, permitiéndonos el poder realizar un ajuste óptimo y complejo de un sistema de sonido.

9.6 SOFTWARES SOBRE LA PREDICCIÓN DEL RUIDO AMBIENTAL

NoizCalc de D&B Audiotechnik

Como todos sabemos, cuando se emite sonido, existen áreas las cuales son afectadas por las reflexiones provocadas por este, y con una proyección del sonido hacia fuentes no deseadas debido a las reflexiones que se generan. Mediante los softwares de predicción de ruido podemos diseñar sistemas los cuales pueden transmitir distintas actuaciones o eventos de una manera más eficiente hacia las áreas de audiencia más significativas o relevantes. Mediante diseños en estos pueden calcular las emisiones de ruido, así como los valores directividad de las emisiones que genera un completo sistema de audio, diseñando sobre dichos valores, un paisaje geográfico en 3D. Generando una simulación la cual nos muestra la radiación o propagación, así como una relativa atenuación de la proyección del sonido en el campo lejano. Todo ello basado en las diferentes condiciones meteorológicas. Introduciendo diferentes valores estándares o concretos basados como pueden ser la velocidad del viento o la dirección de este. Conectado a otros programas de datos como Google Earth, permitiéndonos recoger datos precisos introduciendo otros valores de dicho terreno, extrayendo la elevación y obteniendo un mapa preciso de este, pudiendo importar la información y datos a nuestro programa de predicción de ruido. Esto nos ayudará a realizar los debidos cambios o ajustes en el sistema de sonido, así como modificar los valores de SPL de este. Permitiéndonos una mayor eficiencia y rendimiento completo del sistema de audio empleado.

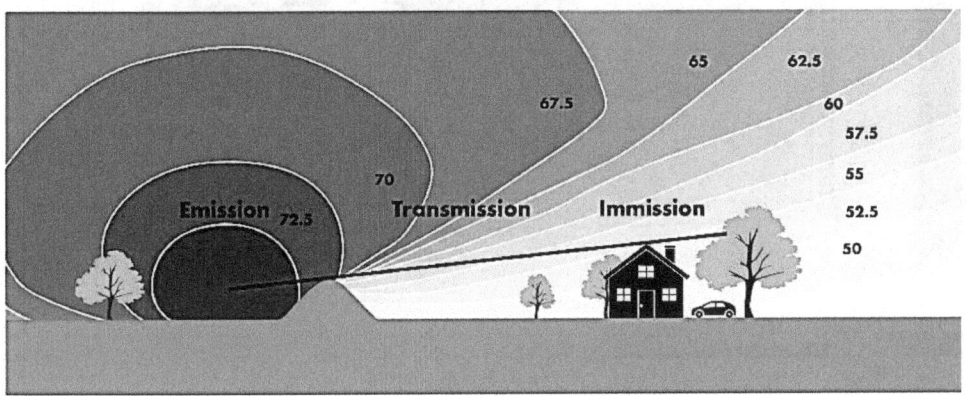

10

"EL BOLO"

Son muchos los factores, el equipo y el personal que intervienen en un evento de gran escala. Siendo todos ellos igual de necesarios, cada miembro del personal contribuye al resultado final global. Desde el personal de producción, conductores de los vehículos, personal de carga y descarga, como los Riggers, stage managers, backliners, auxiliares o el personal técnico y de producción. Voy a repasar brevemente algunas de las labores en lo que concierne a la parte del personal que interviene en un sistema de refuerzo de sonido.

10.1 EMPRESA DEL ALQUILER DEL SISTEMA DE SONIDO (RENTING)

▼ Facilita material requerido/contratado (cantidad de wattios de equipo, monitores, micros etc).

▼ Montaje/verificación del correcto funcionamiento del equipo.

▼ Ajuste y optimización del sistema.

▼ Asistencia a FOH.

▼ Control del sistema durante el espectáculo.

▼ Desmontaje.

10.2 MONTAJE

El montaje de los sistemas de sonido varia respecto a las dimensiones de las producciones, ya que estos pueden ser relativamente simples o muy complejos. En el caso de los grandes eventos, interviene mucho personal humano involucrado y cada una de las labores está perfectamente sectorizada. En los casos en los que debamos de ser los responsables del montaje de los equipos, debemos siempre de tener en cuenta una reducida serie de factores como:

▼ Determinar ubicación del montaje del sistema.

▼ Descargar el equipo del camión e ir posicionando a estos en su ubicación.

▼ Dividir fases del montaje entre personal.

▼ Llevar un orden de prioridad en el conexionado.

▼ Comprobar los riders y cumplir con los requerimientos y necesidades técnicas de estos.

▼ Controlar el tiempo que existe entre montaje y pruebas.

▼ Mantener el escenario los más ordenado posible.

▼ "Timing" de las pertinentes pruebas de sonido.

A la hora de cablear los micrófonos podemos adaptar alguna serie de medidas para evitar posibles accidentes:

▼ Dejar suficientemente cable en los stands de la microfonía para facilitar la movilidad de estos.

▼ Realizar los trabajos de cableado de la manera más limpia y eficiente posible, evitando un caos de cables en medio del escenario.

- Mantener el cableado bien replegado y doblado.

- No emplear cintas adhesivas corrosivas. El empleo de velcros o cinta de carrocero es lo más apropiado para ello.

10.3 PERSONAL

10.3.1 Ingeniero/Técnico de FOH

El ingeniero de FOH, es la persona que mezcla el espectáculo, ejecuta el mezclador y toma todas las decisiones artísticas con respecto al sonido particular de una banda. Es la persona de confianza de un artista o banda y el que sabe el sonido adecuado de estas. Básicamente mezcla todas las entradas y produce una salida estéreo (o estéreo + subgraves) la cual es amplificada por el sistema de sonido. Todas las decisiones en cuanto a volumen, ecualización, dinámica, efectos están en sus manos.

Algunas de las funciones de este son:

- Presentarse al ingeniero asistente del sistema.

- Informarse sobre la respuesta/optimización del equipo.

- Verifica que todo está correcto tanto en FOH como en el escenario (Orden de canales, posicionamiento de los monitores, microfonía/backline requeridos, etc).

- Verificar que toda la microfonía está posicionada correctamente en el escenario.

- Comprobar que todas las líneas y señales correspondientes a cada micrófono/ instrumento/ entren en el mezclador.

- Ajustar el volumen del sistema sin llegar a alcanzar niveles de distorsión o excesivos para el rendimiento del equipo de PA.

- Medir y maximizar la ganancia de su sistema antes de la retroalimentación (GBF).

- Realizar la mezcla del espectáculo/evento.

10.3.2 Técnico/Ingeniero de monitores

El gran escenario incurre en la necesidad de que los miembros de la banda tengan sus propias mezclas de monitores, operadas por un ingeniero dedicado. Esta es una mezcla separada del Front Of House (FOH), lo cual les permite escuchar exactamente lo que necesitan, para que puedan realizar el mejor espectáculo posible. El ingeniero de monitores es responsable de mezclar el sonido de la banda dentro del escenario. Ya sea o bien mediante monitores o sistemas IEM´s. Algunas de las funciones de este son:

- Supervisar la instalación del sistema de monitores, la mesa de mezclas y las entradas de señal.

- Durante la prueba de sonido, trabajar en estrecha colaboración con la banda para ajustar los niveles a monitores individuales. Aislando cada señal para dar a los miembros de la banda la cantidad justa de lo que cada uno necesite como señales de referencia.

- Existe una gran interacción entre el sonido de los monitores y el de FOH cuando se está trabajando con monitores de suelo para los músicos ya que nos encontramos con espacios/recintos acústicos donde todo lo que amplifiquemos, va a interactuar en una suma global. Por lo tanto, resulta básico el controlar la presión y radiación con la que estamos trabajando desde el control de monitores, así como una continua comunicación con el ingeniero de FOH.

No existe una fórmula mágica para mezclar monitores, ya que cada músico tiene sus propias preferencias/exigencias.

10.3.3 Técnico/Ingeniero de sistemas

El ingeniero de sistemas es la persona que "traslada" la mezcla a la audiencia. Básicamente toma el control general de la distribución de los altavoces y el control del sistema de audio. Toma la señal estéreo del ingeniero de la banda y la distribuyen a la audiencia de manera coherente, uniforme y lineal. Todo ello con el objetivo de crear una experiencia de audio idéntica y uniforme para cada miembro de la audiencia basada en la mezcla del ingeniero de la banda.

10.3.4 Responsable del sistema/Asistencia al ingeniero de la banda

- Facilitar ayuda requerida (ingeniero de banda desconoce mezclador o sistema).

- Cargar escenas de las pruebas.

- Explicar condiciones, peculiaridades/detalles del lugar (acústica, equipo etc).

- Controlar el correcto funcionamiento del sistema de sonido.

- Comunicación con el personal de escenario ante los posibles acontecimientos/improvistos.

- Controlar el tiempo de las pruebas.

10.3.5 Auxiliares/escenario

▸ Patchear correctamente canales de los riders.

▸ Etiquetar sub-patches, cables, monitores.

▸ Mantener ordenado el escenario.

▸ Cambios de grupos (en caso de festivales o eventos múltiples en un mismo escenario).

▸ Estar atentos en lo que sucede en todo momento en el escenario (posibles fallos, micros caídos, posicionamiento de equipo, etc).

10.4 PATCH DE ESCENARIO

Ejemplo de patch para una sola banda

Version 3/23/2016   Prepared by Mark Frink (904) 307-XXXX   monitors@MarkFrink.com

Dr. John & The Nite Trippers: Summer 2015, 'Fly-in' shows

Snake/PP	Sub-snake	Input	Microphone/DI	Notes	Stand
1. PP	D 1	Kick Drum Inside	Beta 91		-
2.	D 2	Kick Drum Outside	Beta 52		Short Boom
3&4.	D 3&4	Snare Over & Under	(2) SM 57		(2) Short Booms
5.	D 5	Side Snare	SM 57		Short Boom
6. PP	D 6	Hi Hat	KSM 137		Short Boom
7-10. PP	D 7-10	(4) Toms	(4) Beta 98 #4		-
11. PP	D 11	Ride	KSM 137		Short Boom
12&13. PP	D 12 / US 1	(2) Overheads	(2) KSM 137 #4		(2) Tall Booms
14.	US 2	Bass DI	Aguilar XLR		-
15.	US 3	Bass Mic	Beta 52 #2		Straight Stand #1
16&17.	US 4&5	'OPEN'			
18.	US 6	USR Elec. Guitar	SM 57 #4		Short Boom
19.	DS 1	DSR Doc Elec. Guitar	Beta 57		Short Boom #9
20.	DS 2	DSC Doc Nord keybaord	Radial JDI		-
21. PP	DS 3	DSC Piano Pick-up	Countryman with BB CS-4000 -		
22&23. PP	DS 4&5	DSC Piano Low & High	(2) Beta 181/C		-
24.		'HomeRun' Trombone RF	XLR		-
25. PP	DS 7	Trombone FX	Radial JDI #2		-
26.	DS 8	DSL Trombone Vocal	Beta 58	'Sarah'	Tall Boom
27.	DS 9	DSR Doc Guitar Vocal	Beta 57	'Mac'	Tall Boom
28.	DS 10	DSC Doc Nord Vocal	Beta 57	'Mac'	Tall Boom
29.	DS 11	DSC Doc Piano Vocal	Beta 57 #4	'Mac'	Tall Boom
30.	US 7	USR Guitar Vocal	Beta 58	'Jamie'	Tall Boom
31.	US 8	USL Bass Vocal	Beta 58	'Roland'	Tall Boom
32.	US 9	USL Drum Vocal	Beta 58 #4	'Herlin'	Tall Boom #9

Ejemplo simple para un patch de festival

	1 TENPE RA	2 RUBE N RG	3 HOST OAK	4 SIETE C	5 THE OWL	6 KOME TA	7 NORT H	8 INDUC T	9 CORONA S
1-BD					Own mixer				
2-SN TOP									
3-SN DOWN									
4-HH									
5-TOM1									
6-TOM2									
7-TOM FLOOR									
8-OH L									
9- OH R									
10- BASS D.I (left) X	X right	X Right	X Left		X	X	X centre	X left	
11- BASS MIC								X	X
12- KEY L/PC SAMPLER/mixer L		X			X Mixer L	X PC L			x Sampl L
13- KEY R/PC SAMPLER/mixer R		X			X Mixer R	X PC R			x Sampl R
14- ACOUSTIC GT		X	X						
15- ELC GUIT 1-L	X	X			X	X	X	X	
16 – ELEC GUIT 2-R X	X	X	X		X	X	X	X	
17- TROUMPET								X	
18- VOX 1 LEFT	x key						X Gt L	X Gt L	X
19- VOX 2 LEFT	x Gt L	x Gt L			X Gt L	X bass C	X Bass c		
20-VOX 3 CENTER x	X bass	x GT R	X Main Vox		X Gt R	X Gt R	X Gt R	X Main vox guit r	
21-VOX 4 DRUM x	x Gt R					X	X drum		

Ejemplo de un rider de especificaciones técnicas

Información del espacio

COMPLITED BY PROMOTER	
DATE	
CITY	
VENUE	
RENTAL COMPANY	
PRODUCTION MANAGER CONTACT	
STAGE	
WIDE	
DEEP	
HEIGHT	
VENUE	
CAPABILITY	
BALCONNY	
LINKS	
!!!!!! Please provide full venue information and specification including drawings and Soundvision/MAPP/etc files !!!!!!!	

BAND CONTACT:
Mon Eng/Audio Production
FOH
System Engineer
Tech
Tech

Sistema de audio requerido

FOH

	PA	OFFER
GENERAL INFO	Preferred systems: **Coda Audio, D&B, L'acoustics, Meyer Sound, Adamson**. The power of the system should be enough to cover the entire room with high-quality sound without overload and have a margin of power. Installation of the PA system behind the scene is not allowed. It is worth paying closer attention to scoring the first rows and distant zones. Please provide acoustical calculation for the venue. Please provide System Engeener for PA Setup	
MAIN	BIG SIZE FLOWN L-R	
SUB		
FRONT FILL	SMALL FRONT FILL SPEAKERS	
OUT FILL	IF NEEDED	
DELAY	IF NEEDED	
System Proc	Gallileo	
Sys Tuning	Set of long XLR cabels 20x10 m or Wireless Mesurment set of Mic`s	

Sistema de Mezcladores FOH/Monitores

MIXING SYSTEM		OFFER
General Info	Digico ONLY (Quantum System Preferred) Mixing system with Optocore Loop, FOH, MON Consoles and SD racks must be in the one opto loop. Latest CORE 2 firmware must be installed (V1143)	
Position	Centre of the Audience	
FOH Recording	Digico SD7Q/7/5/10 with Optocore Waves Soundgrid 1 PC /MAC with setup for Multichanel recordig (MADI Feeds)	
External FX Insert	1 x T. C. Electronic M-One with footswitc ,1 x Lexicon PCM 80/90/91 Manley Voxbox/NEVE 8801 chanel strip or similar 1x Empirical Labs EL8 X Distressor	
Position Extra	Centre of the Audience 4x XLR Lines to Light and Video Position (Shout Box+ LTC)	
MON External FX Insert	Digico SD 338Q/7Q/5Q/7/5/10 with Optocore (Quantum Sys pref) 1 x T. C. Electronic M2000/3000 , 1 x Lexicon PCM 80/90/91 Manley Voxbox/NEVE 8801 chanel strip or similar 1x Empirical Labs EL8 X Distressor	
Rack	2 x Digico SD Racks total 80 inputs 50 outs with Optocore 32 bit In/Out Modules Prefered	
Shout Box	1 x Behringer B205D or similar FOH Audio SHOUT BOX	

Monitores

MONITORS		OFFER
SIDE FILL	3/4 WAY SYSTEM FLOWN TOPS D&B Q/V L-ACOUSTICS KARA +SUBS or equal	
MONITORS	4 BOXES FOR 1 MIX SAME BRAND MONITRS D&B M 2/4 L-ACOUSTICS HIQ 115 OR SIMILAR	
Dr IEM	Small minimum 3 ch analog mixer with headphones OUT	
DR SUB	1X18" SUB FOR DRUM	

Sistemas Inalámbricos

WIRELESS		OFFER
MICROPHONES	6 x Shure Axient System (Wisicom System preferd) 2 x handheld 4 x bodypacks 1 x Shure QLXD handheld (TECH)	
Splitter	Antenna spliter system for Mic System	
Antennas	Antennas (LPDA, Helical)	
MONITORS	13 chanels Shure PSM 1000 / Wisicom IEM	
Combiner	RF Combiner for IEM setup	
Antennas	Helical only	
Other	Set of 50 ohm cabels in good working condition, set of spare headphones for IEMs	

Backline

Drums			Offer	
	Drums	Yamaha Maple Custom		
		Kick 22"		
		Snare 14" x 6/5"		
		Snare 14"X4/5"		
		Tom 10"		
		Tom 12"		
		Tom 14"		
		Tom 16"		
	Drumheads	All new REMO drumheads		
		Kick powerstroke 3 clear + powerstroke 3 ebony with a pre-cut 5" hole		
		Snare Top Control sound coated or Emperor X coated		
		Snare Buttom Ambassador Hazy Snare Side		
		Top Toms Emperor clear		
		Buttom Toms Ambassador clear		
	Cymbals	Zildjian K		
		HiHat 14"		
		Crash 17"		
		Crash 18"		
		Crash 19"		
		Ride 20"(21")		
		Splash 10(12)		
		FLAT RIDE 19"(20")		
	Hardwire	1 x HiHat stand		
		2 x Snare stands,		
		8 x cymbal stands		
		DW 9000 Pedal (or equal)		
		Drum Trone		
	Other	Table for playback and laptop		
		5 x paire drum sticks (5A) (No plastic) + 5 x paire drum sticks (5B) (No plastic)		
	Instrument	SPD-SX Roland		

Percussion				
		!!! Important !!! Must be agreed in person with the musician livenjazz@gmail.com +7 (916) 678-28-88 Iliya Pokroskiy		
	Percussion	2 x LP Congas with stand size QUINTO, CONGA (LP, SONOR, MEINL)		
		2 x Bongas with stand (LP, SONOR, REMO, MEINL)		
		2 x Timbalises HIGH/LOW (LP, SONOR) with stand		
		1 x Jambe Remo 16" with belt		
		1 x Splash Cymbal		
		18" China Cymbal with Boom Stand		
		16" HHX Crash Cymbal		
		1 x Floor tom (16) with stand		
	Toys	x1 Bar Chimes (LP, MEINL)		
		x1 LP Cowbell		
		x 3 Detachable Shakers, Soft- Medium- Hard		
		4x Tambourine MEINL (different) 1 mounted on stand, 3 Hand held		
	Instrument	SPD-SX Roland		
	Hardwire	stand for SPDX, x8 cymbal stand		
		Tama MC67 Multi Clamp		
		Pearl clamp ADP30		
	Other	LP 760A Percussion Table with Mounting Hardware		

BASS				
	Amp	2x Bass amps Galien Krueger, Mark bass, SWR, Aguilar Cabinet 8x10"		
	Instrument	Choose one of this BASS: Fender Precision, Music man Stingray, Yamaha trb 5,Sadowsky JB,Mayones Jabba		
	Strings	New set of Thomastic,Labella 45-105 flatwound strings for rented intrument		
	Other	Guitar Stand Hercules Tall, Music stand, all necessary instrument cables		

GTR 1				
	Amp	No Need		
	Instrument	Gibson Les Paul		
	Strings	New set of strings Elixir 19052 or D'addario NYXL1046 for rented intrument		
	Instrument	6th str Acoustic Guitar Taylor, Martin		
	Strings	New set of strings D'addario NB1152 or Elixir 16027 for rented intrument		
	Other	2 x Guitar Stand Hercules Tall, Music stand, all necessary instrument cables		

GTR 2				
	Amp	No Need		
	Instrument	Gibson Les Paul		
	Strings	New set of strings Elixir 19052 or D'addario NYXL1046 for rented intrument		
	Instrument	6th str Acoustic Guitar Taylor, Martin		
	Strings	New set of strings D'addario NB1152 or Elixir 16027 for rented intrument		
	Other	2 x Guitar Stand Hercules Tall, Music stand, all necessary instrument cables		

KEYS				
	Instrument	Nord stage 3 + x1 susteine pedal+Volume Pedal Roland ev5		
	Stand	x1 key stand		
	Other	Bench seat for piano, all necessary instrument cables		

Mic Stands		See INPUT LIST		
Music Stands		x10 Music stands with lamp		
Bar chair		x8 Bar chair		
Drum Shield		x1 Cleane Good looking set Drum Shield		
Tape		x3 Black guffa tape, x1 pink guffa tape, x1 green guffa tape, x1 yellow guffa tape		
MIC		See INPUT LIST		
Radio station		5 Motorola Walkie Talkies		
Battery		New AA battery for all RF devices + x 6 9v battaryfor guitars		

Listado de canales de entrada

IN	Channel	MIC	Stand	Stg BOX	Note	Mic Offer
1	Kick IN	SHURE BETA 91	-			
2	Kick OUT	AUDIX D6/Telefunken M82	Short			
3	Snare Top	BEYERD TG-58 /SHURE SM 57	Clamp/Short			
4	Snare Btt	BEYERD TG-58 / SENNH MD 441	Clamp/Short			
5	Snare 2 Top	BEYERD TG-58 /SHURE SM 57	Clamp/Short			
6	Snare 2 Btt	BEYERD TG-58 / SENNH MD 441	Clamp/Short			
7	HH	Neumann KM185/BEYERD MC 950	Short			
8	Tom 1	BEYERD TG-57 / DPA 4099 dc	-			
9	Tom 2	BEYERD TG-57 / DPA 4099 dc	-			
10	Tom 3	BEYERD TG-57 / DPA 4099 dc	-			
11	Tom 4	BEYERD TG-57 / DPA 4099 dc	-			
12	Ride	Neumann KM185/BEYERD MC 950	Short			
13	OH L	AKG C414 /AT 4050	Tall			
14	OH R	AKG C414 /AT 4050	Tall			
15	SPDs Drums L	SIMPLE WAY / RADIAL DI	-			
16	SPDs Drums R	SIMPLE WAY / RADIAL DI	-			
17	Congas L	Telefunken M 80 SH / SHURE SM 56	LP MIC CLAW			
18	Congas R	Telefunken M 80 SH / SHURE SM 56	LP MIC CLAW			
19	Bongas	Telefunken M 80 SH / SHURE SM 56	LP MIC CLAW			
20	Timbal	Neumann KM185/BEYERD MC 950	Tall			
21	Perc hand	SHURE BETA 98 D/S	wireless		wireless	
22	Perc hand	SHURE BETA 98 D/S	wireless		wireless	
23	OH Perc	AKG C414 /AT 4050	Tall			
24	OH Perc	AKG C414 /AT 4050	Tall			
25	FLOOR Tom	BEYERD TG-57 / DPA 4099 dc	-			
26	SPDS perc L	SIMPLE WAY / RADIAL DI	-			
27	SPDS perc R	SIMPLE WAY / RADIAL DI	-			
28	JAMBE	DPA 4099 dc			wireless	
29	Bass Line	SIMPLE WAY / RADIAL DI	-		x1 Gtr Stand	
30	Bass Mic	SHURE SM 57	Short			
31	BO GTR 1 L	SIMPLE WAY / RADIAL DI			x1 Gtr Stand	
32	BO GTR 1 R	SIMPLE WAY / RADIAL DI				
33	GTR 2 L	SIMPLE WAY / RADIAL DI			x1 Gtr Stand	
34	GTR 2 R	SIMPLE WAY / RADIAL DI				
35	Acc Gtr 1	SIMPLE WAY / RADIAL DI			x1 Gtr Stand	
36	Acc Gtr 2	SIMPLE WAY / RADIAL DI			x1 Gtr Stand	
37	KEY 1	SIMPLE WAY / RADIAL DI	-		Key Stand	
38	KEY 2	SIMPLE WAY / RADIAL DI	-			
39	KEY 3	SIMPLE WAY / RADIAL DI	-			
40	KEY 4	SIMPLE WAY / RADIAL DI	-			
41	Back 1	SE ELECTR V7/ SHURE BETA 58	Tall		wired	
42	Back 2	SE ELECTR V7/ SHURE BETA 58	Tall		wired	
43	Back 3	SE ELECTR V7/ SHURE BETA 58	Tall		wired	
44	LEAD Voc	Axient + Telefunken M 81	RoundBase		wireless	
45	LEAD spare	Axient + Telefunken M 81	RoundBase		wireless	
46	NOT USED	NOT USED	NOT USED			
47	PB 1	SIMPLE WAY / RADIAL DI				
48	PB 2	SIMPLE WAY / RADIAL DI				
49	PB 3	SIMPLE WAY / RADIAL DI				
50	PB 4	SIMPLE WAY / RADIAL DI				
51	PB 5	SIMPLE WAY / RADIAL DI				
52	PB 6	SIMPLE WAY / RADIAL DI				
53	PB 7	SIMPLE WAY / RADIAL DI				
54	PB 8	SIMPLE WAY / RADIAL DI				
55	PB 9	SIMPLE WAY / RADIAL DI				
56	PB 10	SIMPLE WAY / RADIAL DI				
57	PB 11	SIMPLE WAY / RADIAL DI				
58	PB 12	SIMPLE WAY / RADIAL DI				
59	Audience Stg L	Condenser shotgun	Tall			
60	Audience Stg R	Condenser shotgun	Tall			
61	Dombra 1	DPA 4099			wireless	
62	Talk Back Key	SHURE SM 58 switch	Tall			
63	TB Drummer	SHURE SM 58 switch	Tall			
64	Talk Back Mon	SHURE SM 58 switch	Tall			
65	Talk Back FOH	SHURE SM 58 switch				
66	TB Tech 1				any wireless	

Listado de salidas

SD RACK				
OUT	Line	Recive	RACK 1	RACK 2
1	IEM Dimash L	WIRELESS IEM		
2	IEM Dimash R	WIRELESS IEM		
3	IEM Back V 1 L	WIRELESS IEM		
4	IEM Back V 1 R	WIRELESS IEM		
5	IEM Back V 2 L	WIRELESS IEM		
6	IEM Back V 2 R	WIRELESS IEM		
7	IEM Back V 3 L	WIRELESS IEM		
8	IEM Back V 3 R	WIRELESS IEM		
9	IEM Key L	WIRELESS IEM		
10	IEM Key R	WIRELESS IEM		
11	IEM GTR 1 L	WIRELESS IEM		
12	IEM GTR 1 R	WIRELESS IEM		
13	IEM GTR 2 L	WIRELESS IEM		
14	IEM GTR 2 R	WIRELESS IEM		
15	IEM Bass L	WIRELESS IEM		
16	IEM Bass R	WIRELESS IEM		
17	IEM Perc L	WIRELESS IEM		
18	IEM Perc R	WIRELESS IEM		
19	CUE IEM	WIRELESS IEM		
20	CUE IEM	WIRELESS IEM		
21	IEM Drums L	DR MIXER WIRED		
22	IEM Drums R	DR MIXER WIRED		
23	IEM Drums CLICK	DR MIXER WIRED		
24	Drum Sub	x1 SB18 or similar		
25	CENTR L	4xD&B M2/M4/HiQ X15		
26	CENTR R	4xD&B M2/M4/HiQ X15		
27	SF L	3/4 WAY + SUBS		
28	SF R	3/4 WAY + SUBS		
29	KANAT IEM	WIRELESS IEM		
30	KANAT IEM	WIRELESS IEM		
31	SPARE IEM	WIRELESS IEM		
32	SPARE IEM	WIRELESS IEM		
33	Tech IEM	WIRELESS IEM		
34	Tech IEM	WIRELESS IEM		
35				
36				
37				
38				
39				
40				
41				
42				
43				
44				
45				
46				
47				
48	Stage Shout BOX			

FOH LOCAL PATCH			
IN	NAME	OUT	NAME
1	PC L	1	LTC 1 VIDEO
2	PC R	2	
3	TB MIC	3	
4		4	
5		5	
6		6	
7		7	
8		8	
9		9	
10		10	
11		11	
12		12	SHOUT BOX

FOH Outs Matrix		
1	MAIN L	
2	MAIN R	
3	SUB	
4		
5		
6		
7		
8		

MON LOCAL PATCH			
IN	NAME	OUT	NAME
1	TB MIC	1	
2		2	
3		3	
4		4	
5		5	
6		6	
7		7	
8		8	
9		9	
10		10	
11		11	
12		12	

Stage Plot (Plano de escenario)

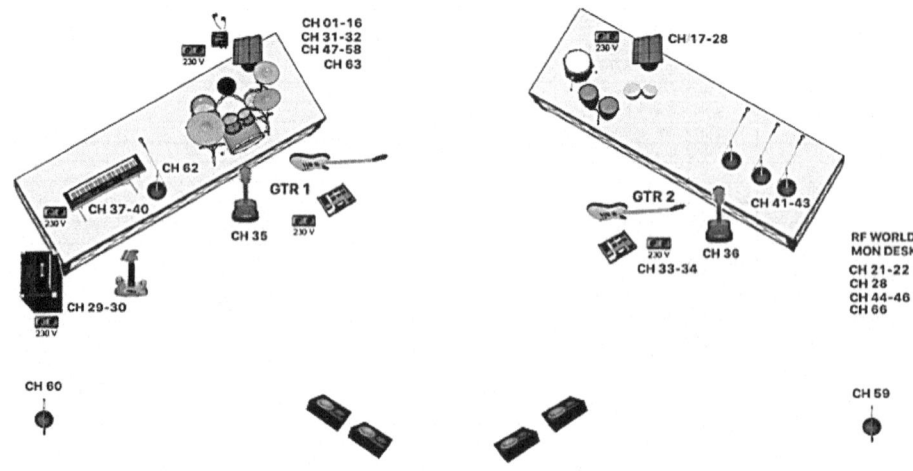

10.5 ÉTICA Y COMPORTAMIENTO ANTE LA EMPRESA QUE NOS ASISTE Y MONTA/AJUSTA EL EQUIPO

Es sumamente importante el "sumar" y no restar cuando estamos ante un equipo el cual ha sido instalado y ajustado por una empresa ajena. Hay que mostrar cordialidad y en todo momento mostrar apatía por cada persona involucrada en el montaje del evento. Son gente que llevan unas cuantas horas trabajando y montando el equipo para que nosotros podamos trabajar con este. Hay que saludar y agradecer el que hayan montado el equipo para garantizarnos un correcto funcionamiento del sistema. Muy a pesar de que quizás este no sea de una total satisfacción o agrado. Siempre se puede llegar a un compromiso con la empresa que nos asiste para que se intente adaptar el montaje o ajuste, un poco quizás entre nuestro gusto y el de ellos. Los equipos actuales están perfectamente estudiados para una total optimización y rendimiento. A no ser que nos encontremos con algo muy drástico, no hay que inventar nada de lo que no haya hecho ya el constructor del equipo durante años de experimentación con este. Las frecuencias de corte entre los top y los subs suelen estar ya estipuladas en los presets de los fabricantes. Y como me refería con anterioridad, no hay que "inventar" nada de lo no exista (a pesar de que hay gente que sigue sin entender esto). Disponemos de los ecualizadores de nuestros equipos para intentar dejar el sistema a gusto del consumidor o nuestra mezcla. El ajuste del equipo es cosa de la empresa que monta y conoce el equipo, así como del ingeniero de sistemas, que es el que optimiza el rendimiento de este.

10.6 SOLUCIÓN DE ALGUNOS PROBLEMAS A LA HORA DE REALIZAR UNA SONORIZACIÓN

Cuando estamos ejecutando un sistema con tantas partes complejas como un sistema de sonido en vivo, siempre debemos estar preparados para lidiar con los posibles problemas que se nos pueden presentar durante el espectáculo o evento. Ese "ruidito" que aparece y desaparece y que solo parece un problema cuando movemos un cable, luego comienza a desarrollar un ruido constante, y al rato ese canal termina completamente "muerto" sin poderse reparar. Sin embargo, si hubiéramos comprobado y cambiado ese cable cuando este comenzó a crepitar, podríamos haber eliminado ese problema trascendental. En cosas menos radicales, existen muchos recursos y anticipos que se pueden realizar para prevenir y adelantarse a los problemas que pueden surgir de manera habitual durante una sonorización.

Verificación como anticipación para evitar posibles problemas durante el evento

Algunos breves ejemplos y recursos.

10.6.1 Antes de comenzar la actuación/evento

▶ Revisar los cables con regularidad. Mediante un simple probador (tester) de cables podemos detectar un problema de flujo de señal antes del espectáculo, lo cual es siempre mejor que descubrir el problema a mitad del espectáculo.

De la misma manera los canales de patch, así como el de los cajetines de escenario y sub patches desplegados por el escenario.

▶ Polaridad del cableado/conexionado.

▶ Optimización/movimiento físico de los altavoces.

▶ Eliminar posibles barreras situadas frente al sistema (telas cubre P.A, paredes o columnas, así como cualquier posible elemento situados frente al sistema de sonido).

▶ Verificar las baterías nuevas en los micrófonos inalámbricos. Esto puede ser tan simple como tener siempre baterías recargables de repuesto a mano completamente cargadas y cambiar las baterías al comienzo de cada espectáculo incluso si pensamos que no es necesario ya que muchas veces las pilas de un anterior evento pueden figurar como "a tope" de carga en la pantalla led del indicador del micrófono y confiarnos en ello. Cuando en realidad estas están casi gastadas.

▶ Comprobar las vías de los altavoces antes de elevarlos: muchas veces tenemos diferencias de sonido entre el "L" y el "R" y esto es debido a que tenemos una vía (o más de una) que no nos funcionan y nos estamos volviendo locos sin saber el porqué. Si disponemos del debido tiempo, el comprobar cada caja antes de elevar nuestro line array siempre será mucho más fácil que el darnos cuenta del problema una vez estén "voladas".

▶ En festivales, antes de comenzar cada concierto, revisar que todas las señales nos llegan correctamente y sin problema en nuestra memoria de escena (en caso de mezcladores digitales) a los mismos canales que cuando realicemos la prueba de sonido.

10.6.2 Problemas de fase

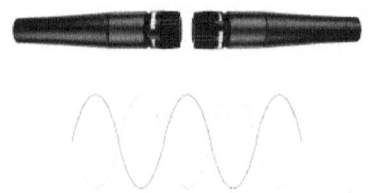

Aunque cada micrófono puede sonar bien solo, cuando se combina el sonido con el de otro micrófono captando una misma fuente a diferente distancia puede parecer "hueco" o "delgado". Para verificar problemas de fase, en nuestro mezclador tenemos un interruptor de fase que invierte la fase (polaridad) del preamplificador de micrófono. Si al mezclar dos señales y vemos que tras activar el interruptor de fase en uno de los dos micrófonos el sonido suena más "grande", dejaremos activada la inversión de polaridad. Si no hay interruptor de polaridad en el mezclador con el que estamos trabajando, el mover el micrófono unos centímetros más cerca o más lejos a menudo reducirá el problema.

10.6.3 Feedback (retroalimentación)

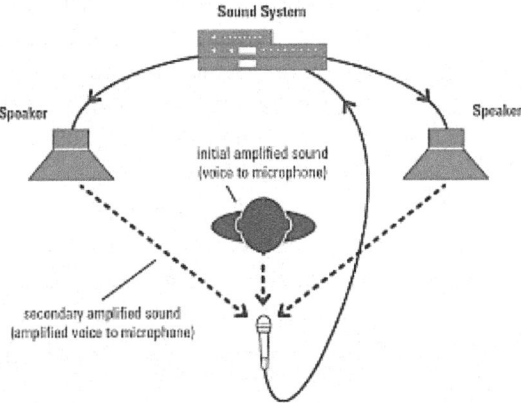

Realmente no hay una "varita mágica" para corregir la retroalimentación. Depende de muchos factores y de cómo interactúa todo el conjunto de elementos físicos que intervienen en la cadena de un sistema de refuerzo sonido. Frecuentemente las causas principales suelen provenir de la ubicación del micrófono, la ubicación del altavoz, los ajustes de control del mezclador, ecualización, procesamiento (dinámica/FX) o incluso la manera que el vocalista sostiene el micrófono. Vamos a ver algunos consejos para reducir dicho fenómeno:

▶ **Usa micrófonos direccionales:** nunca utilices micrófonos omnidireccionales. Los micrófonos deberían apuntar desde los altavoces y hacia la fuente de sonido.

▶ **Posiciona los micrófonos detrás de la PA:** esto reduce que el sonido de los altavoces vuelva a ser capturado por los micrófonos. La desventaja es que esto también hace que sea difícil a vocalistas o conferenciantes escucharse cómo suenan a través de los altavoces, por eso los altavoces del monitor o los auriculares de referencia se usan comúnmente en configuraciones de PA.

▶ **Revisa volúmenes de amplificación del backline:** si existen amplificadores bajos de nivel, aumenta estos para que puedas obtener señal optima de ganancia y no tengas que forzar la sensibilidad del micrófono, ya que ello puede provocar la entrada de fuentes indeseadas como la batería etc. Contrariamente baja el nivel de estos, si están excesivamente altos. Lo ideal es dejar que sea la propia banda la que realice el balance en el escenario.

▶ **Evita que el vocalista "se trague "el micrófono:** los vocalistas que sostienen el micrófono muy cerca a menudo corren un mayor riesgo de retroalimentación que si el micrófono está sobre 2 o 5 cm de distancia. Esto es porque el "efecto de proximidad" aumenta la cantidad de graves, lo que fomenta la retroalimentación en las frecuencias graves.

► **Utiliza la ecualización:** cuando comienza la retroalimentación, será a una frecuencia específica. Realiza un "Solo" de cada canal para descubrir cuál está activando la retroalimentación. Establece el ecualizador con un factor Q estrecho y pronunciado, y realiza un barrido de frecuencia hasta encontrar la frecuencia que minimiza la retroalimentación. Si bien esto puede afectar el timbre del sonido de ese canal, la retroalimentación que hemos reducido nos hará ganar un margen de ganancia extra. Incluso a veces podemos encontrar acoples de frecuencia en otro canal, y tras reducir este, aún sigamos teniendo más nivel aún que antes. Si la retroalimentación parece ocurrir en todos los canales, es posible que debamos ajustar el ecualizador en la salida master del mezclador.

► **Modera y adapta la potencia del sistema de sonido:** en salas pequeñas y medianas nuestra función en la mezcla es la de reforzar y balancear la energía acústica de un espacio para ofrecer al oyente una experiencia musical más agradable. Por lo tanto, nuestra mezcla estará supeditada al equilibrio entre el sonido proveniente del escenario sumado a los elementos los cuales precisen de amplificarse. En grandes eventos y espacios, nuestra función es la de que el sonido cubra y llegue a todos los espectadores del recinto. Pero muchas veces esto se realiza mediante un exceso de SPL y sobre todo con exceso de potencia en las bajas frecuencias. Originando como resultado un efecto enmascaramiento de una gran parte del espectro frecuencial donde predomina la ilegibilidad y la carencia de fidelidad. En espacios cerrados un exceso de SPL provocará un mayor número de reflexiones y energía "negativa" contraproducente.

► **Limita el número de plugins:** hay que intentar conseguir un buen sonido de "raíz" proveniente del escenario antes incluso de comenzar a abrir las ganancias del mezclador. No es extraño ver en la actualidad mezclas de FOH con gran cantidad de canales y plugins insertados. A parte de la inherente latencia que esto produce en los sistemas digitales estamos provocando cambios de fase y de imagen.

10.6.4 Otros recursos

► **EQ Substractiva como primera opción:** *atenúa como primera opción, realza como posterior opción. A*ntes de realizar una EQ aditiva sobre lo que queremos escuchar, contrariamente, muchas veces se trata de atenuar todo aquello que no queremos escuchar. Mediante ello, posiblemente habremos solucionado el problema donde originariamente creíamos que necesitábamos realzar un determinado tipo de frecuencias, cuando en realidad de lo que se trataba era de atenuar todo aquello que no permitía destacar a un determinado sonido.

► **HPF/LPF:** utiliza los filtros pasa altos/bajos para "limpiar" toda la innecesaria información frecuencial de los instrumentos.

▶ **Ecualiza mediante los oídos, no mediante la visualización:** a pesar de que podemos memorizar curvas de EQ, así como emplear los actuales presets de ecualización disponibles en nuestros sistemas, nuestro oído es nuestra más poderosa herramienta para tanto para el ajuste de un sistema, como para la mezcla del audio.

▶ **Ecualiza correctamente el Bombo con el bajo**: esto nos supone poseer prácticamente el 50% del control del sonido global de nuestra mezcla. Ecualiza estos dos instrumentos de manera en la cual cada uno ocupe su espacio en el espectro sin que uno tape al otro. Emplea el compresor si fuera necesario para un mayor control en la dinámica de ambos.

▶ **Gate**: emplea puertas de ruido en todos aquellos sonidos que aparecen esporádicamente y donde no es necesario que los micrófonos estén siempre abiertos. Los tóms de baterías, teclados, etc.

La mayoría de veces, más que en la calidad y en la marca de los equipos. Básicamente la "lucha" de un técnico de FOH, consiste en lidiar con la acústica del lugar, el correcto montaje /ajuste del sistema de sonido, el posicionamiento de los micros/instrumentos sumados al control de la dinámica y la calidad de los músicos/ backline, así como el nivel de SPL de los monitores en el escenario.

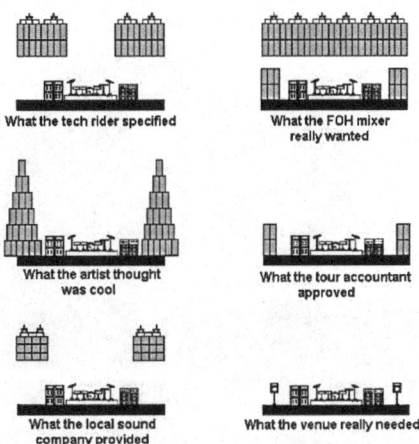

Adaptación del equipo necesario según recinto y espacio según la tipografía del evento a sonorizar

Es sumamente importante el adaptar el equipamiento requerido según el espacio al realizar una sonorización. El introducir más potencia en un sistema puede llegar a ser contraproducente tanto a nivel de presupuesto como en la calidad de un evento. Como contrariamente también lo puede ser el no disponer de la suficiente potencia para cubrir un evento.

Por lo tanto, el saber adaptar un determinado sistema de audio para cada tipo de sonorización es algo lo cual debemos de pensar a la hora de realizar los pertinentes diseños de los sistemas de audio.

11

CARGA Y DESCARGA DE LOS CAMIONES CON LOS EQUIPOS

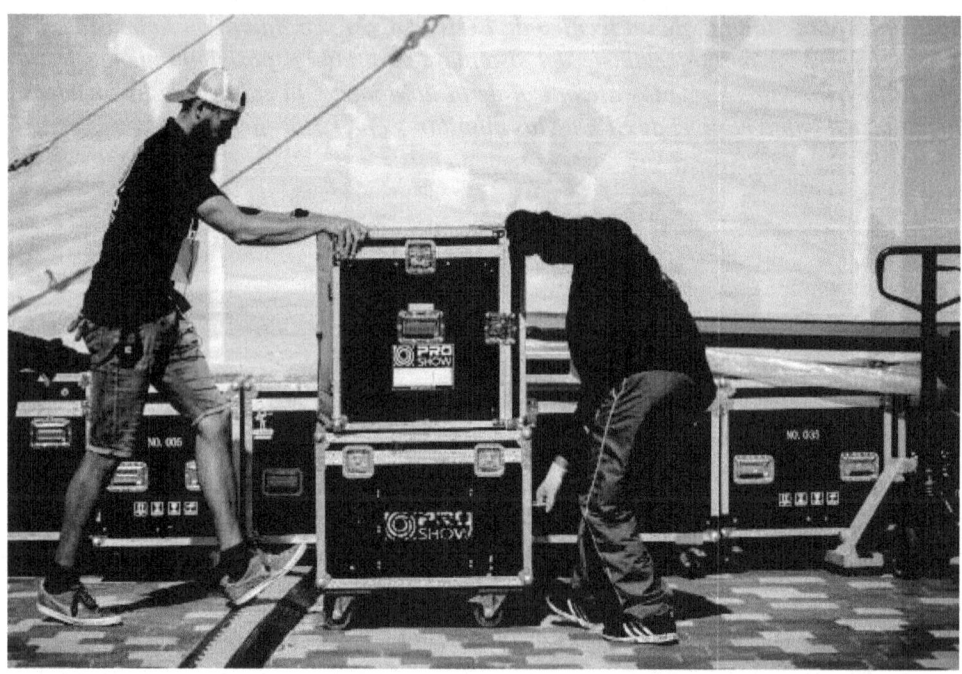

Durante la carga de los camiones, se carga todo el equipo necesario y apto para el tipo de concierto o evento a cubrir. Todo ello siguiendo los requerimientos de producción y contratación, así como los riders de especificaciones técnicas. Podríamos tratar la carga de un camión como si de un "tetris" se tratara, se debe de realizar la carga en base al repartimiento proporcional del espacio del habitáculo y rellenando los espacios de tal manera que exista en mínimo movimiento de estos durante del trayecto, de igual manera asegurar mediante correas de amarre, cinchas o eslingas.

Cintas de amarre

Todo ello también requiere altas dosis de actividad y buena forma física. A parte de tener que cargar el camión con todo el equipo, muchas veces se tiene que posicionar la P.A tanto si esta estará estacada o se volará mediante un Line Array. Sospesar los mezcladores y poner en marcha todo el equipo de monitores en el escenario.

Saber mezclar el sonido de un concierto o directo es tan solo una pequeña parte en cuanto al día de un técnico de sonido de directo.

Puede resultar ser algo "frustrante" el haber pasado unos años aprendiendo mucha teoría sobre el audio, los equipos, las conexiones, cableado, mezcladores, técnicas de mezcla, componentes, etc. Y más cuando lo que más deseamos hacer es poner las manos encima del mezclador y ser esa figura más "visible".

Es muy probable que, si terminas trabajando en una compañía de alquiler de sonido, vas a emplear más tiempo preparando el cableado, los equipos, soldar componentes o reparando el material de audio. De esta manera estas adquiriendo conocimientos y solventar los posibles problemas con los equipos, como estos trabajan conjuntamente, el flujo de señal e interconexionado de estos y mucho conocimiento global de todo ello.

Si tan solo sabes mezclar el sonido en FOH y no sabes el funcionamiento de los componentes en la cadena del equipo de audio y su conexión, o el saber deducir los posibles problemas que puedan ocurrir durante un espectáculo en directo es muy poco probable que puedas crear la mejor de las mezclas.

Muchos técnicos y sobre todo los más noveles tan solo se imaginan el posicionarse delante de un mezclador, que esté todo montado y listo para probar sonido, pero esto es algo que muchas veces está fuera de la realidad. Sumado a todo ello las jornadas de trabajo suelen ser muy extensas y el dinero muchas veces no es compensado.

Cablear y posicionar toda la microfonía, largas mangueras de cableado o multiconexiones. La magnitud de todo ello es proporcional a la magnitud del evento a cubrir. Muchos técnicos aparte de realizar todas estas labores y como la guinda del pastel, también terminan mezclando los directos cuando las bandas o artistas no disponen de sus propios técnicos de mezcla para sus shows. Tan solo unos pocos afortunados son los que tan solamente se limitan a viajar junto a sus bandas y a realizar exclusivamente la mezcla del espectáculo. La mayoría que así lo hacen tienen a sus espaldas una larga trayectoria como profesionales.

Cuando se va a trabajar en grandes espectáculos, normalmente la producción pone algún tipo de ayuda o personal específico para realizar las descargas de los camiones.

Es de suma importancia el que el personal técnico dirija las labores de la descarga para que los operarios vayan posicionando el equipo según su posición en el escenario para no tener que realizar un doble trabajo posteriormente en recolocar los equipos y componentes.

Muchas veces los vehículos vienen cargados tanto con equipos de sonido como los de iluminación

"Resulta vital el saber cargar el camión, así como las posibilidades de carga de cada vehículo acorde con las dimensiones de este."

Por lo tanto y como me refería antes, resulta vital las labores de descarga del camión según su posición en el escenario.

11.1 PREVENCIÓN DE RIESGOS/MATERIAL DE PROTECCIÓN Y SEGURIDAD

Aunque en la actualidad no es muy normal, se sigue viendo en el sector que algunos técnicos/montadores de sonido no toman algunas de las medidas de seguridad básicas a la hora de realizar los trabajos.

Aunque el volumen de accidentes que ocurren en la industria del entretenimiento en vivo no sufre de unas altas cifras, las medidas de seguridad son muy importantes para evitar incidentes adversos.

Como profesional, el seguir algunas medidas de precaución puede prevenirnos de ahorrarnos algún tipo de accidente en nuestra integridad física, así como el proteger los equipos de audio.

Muchas veces tan solo es necesario el prestar atención a lo que estamos haciendo.

Algunas medidas de prevención pueden ser:

- Proteger nuestros oídos, ya que estos son nuestro sustento, por lo que su protección es imprescindible.

- Solicitar ayuda al tener que manipular objetos pesados.

- Emplear calzado homologado de seguridad con punta de acero.

- Usar guantes cuando al cargar/descargar los equipos, y especialmente para realizar los trabajos con cuerdas o cadenas.

- Mantener un botiquín de primeros auxilios actualizado en los vehículos y otro en el lugar del evento.

- Usar un arnés del tamaño correcto cuando se trabaje fuera del suelo o se opere mediante elevadores.

- Utilizar cascos de seguridad mientras se realizan las elevaciones de los arreglos lineales.

ⓘ NOTA

Es más probable que debido a las largas jornadas de trabajo y el cansancio acumulado las personas que realizan trabajos para el sonido en directo y altas horas de la noche son más propensas a sufrir accidentes que las personas que trabajan dentro de un horario diurno sentados en una oficina. El consumo de alcohol y drogas durante el transcurso de los trabajos puede provocar y potenciar un aumento en los accidentes presentes durante el desarrollo de los trabajos que se realizan durante el transcurso de los montajes/desmontajes de los equipos de los sistemas de audio.

12

EQUIPAMIENTO Y CONEXIONADO DE UN SISTEMA DE SONIDO PARA DIRECTO

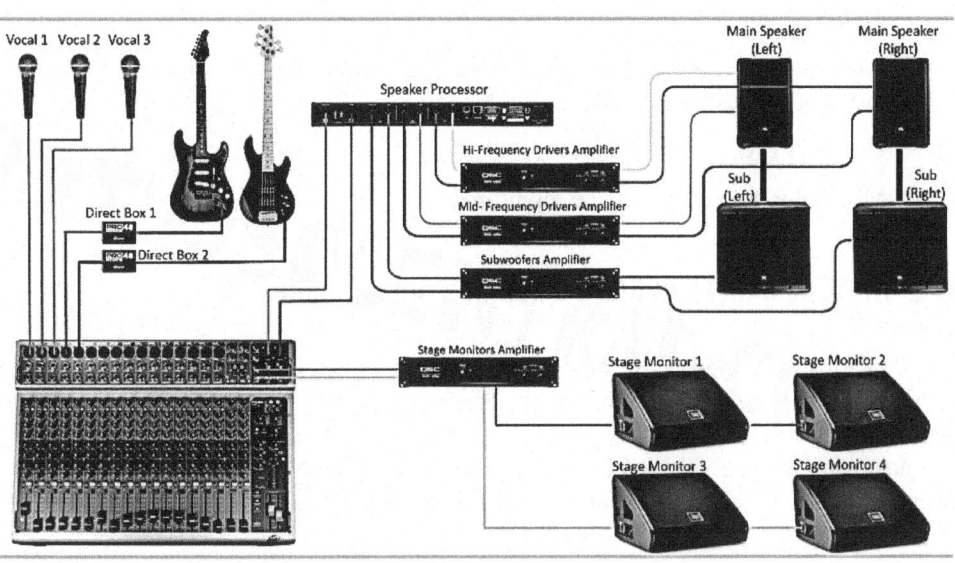

Configuración y conexión de un sistema básico de sonido

La experiencia de un directo depende directamente de la configuración del sistema de sonido tanto para el público (P.A) como para el escenario, así como de la calidad de los componentes de nuestro equipo de audio. A continuación, vamos a ver y detallar a cercar de algunos elementos los cuales componen un sistema de sonido en directo básico, así como el conexionado entre estos.

Básicamente el conexionado de un montaje en un directo es el siguiente.

12.1 ESCENARIO

▟ Stands de Microfonía.

▟ Mangueras de señal.

▟ Cableado.

▟ Micrófonos.

▟ Cajas de inyección (para la conexión de instrumentos de linea).

▟ Cajas de conexionado.

▟ Cajetines de escenario/Racks de conexionado (mezcladores digitales).

▟ Monitores / sistemas In-Ears (en el caso de que se utilice dicho sistema).

▟ Etapas de potencia (en caso de monitores pasivos).

▟ Rack de ecualizadores para los monitores (Los mezcladores digitales ya llevan incorporados estos).

▟ Unidades FX.

▟ Mezclador para el sistema de monitores.

12.2 TIPOS DE CABLEADO COMUN/RED DE CONEXIONADO

Son varios los cables y conectores que se utilizan en los sistemas de megafonía para conectar todos los equipos. Debemos tener en cuenta que, si se utilizan los cables o conectores incorrectos, es posible que el equipo no funcione correctamente. Incluso en algunos casos, usar los cables o conectores incorrectos podría ser peligroso, por lo tanto, debemos de asegurarnos y entender qué cables y conectores usar para cada una de las unidades que forman el sistema de audio.

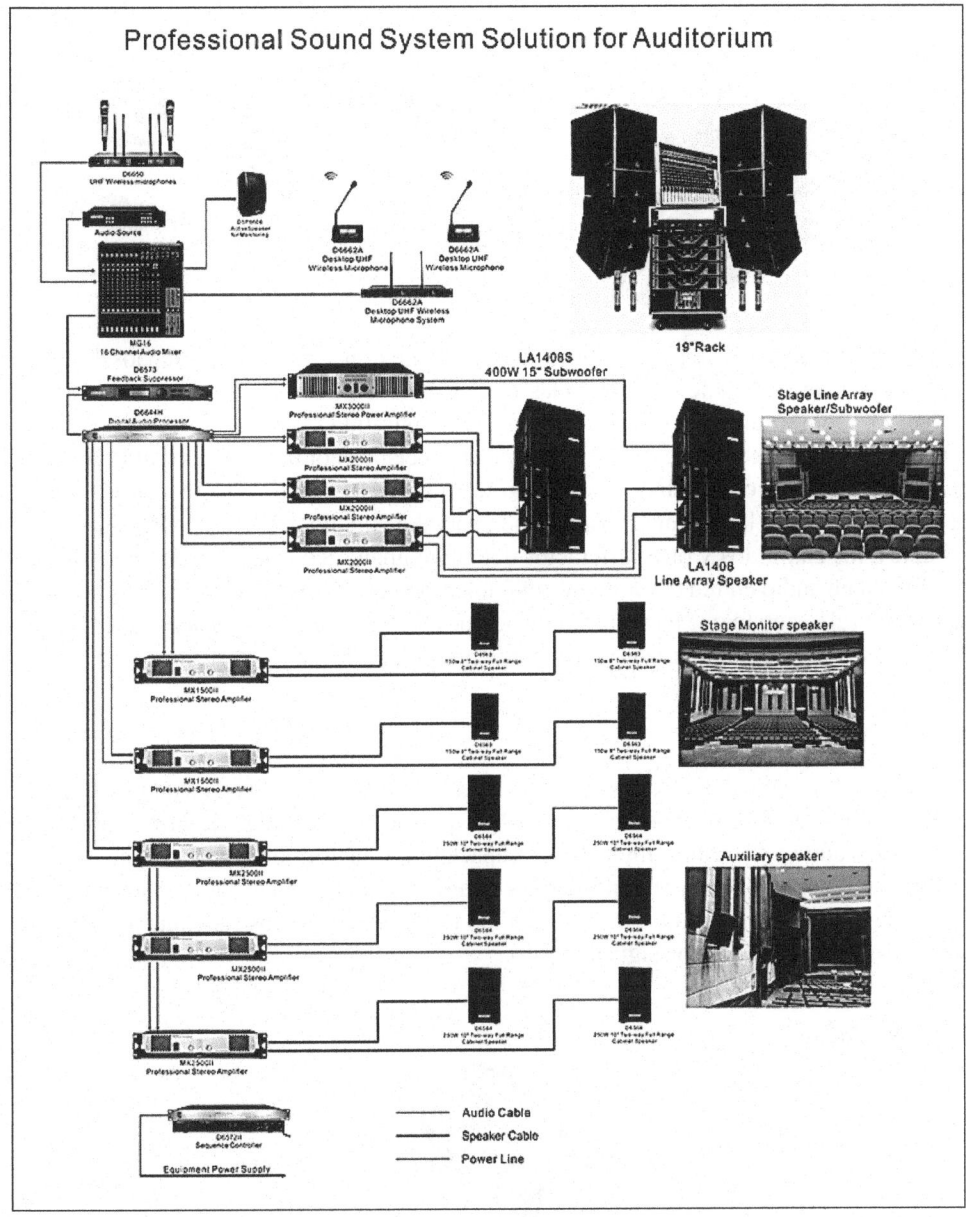

Professional Sound System Solution for Auditorium

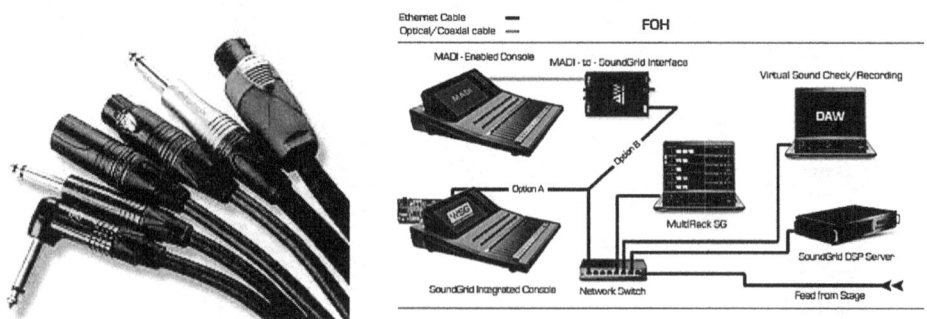

En la actualidad, existen muy diversos tipos de conexionado. sobre todo, en los digitales es donde se han venido desarrollando las últimas innovaciones durante los últimos años. Mover el audio a un cable de fibra aumenta la flexibilidad, ya que se pueden colocar micrófonos o altavoces en cualquier lugar y ser conectados por medio de un solo cable y la cual cosa reduce el costo, debido a que ya no se están ejecutando docenas o incluso cientos de hilos de cobre. A la vez mejora la calidad general del audio de campo, porque la red es inmune a los zumbidos y otros artefactos del audio analógico. La infraestructura digital nos brinda un audio en red asequible y confiable. Muchas veces la incompatibilidad entre sistemas es algo con lo que hay que lidiar y lo que tenemos que revisar a la hora de realizar las diferentes configuraciones entre sistemas y protocolos de red.

12.2.1 Analógicos

Los sistemas de cableado, así como los puertos analógicos siguen estando presentes en el mundo del audio. A pesar de todos los protocolos digitales de la actualidad, a día de hoy aún se necesitan micrófonos capaces de transformar niveles de presión en electricidad, así como de preamplificadores capaces de amplificar las señales antes de cualquier tipo de conversión o transformación de dominio. En los sistemas de refuerzo de sonido los más utilizados siguen siendo:

XLR (cannon)

Es un conector de 3 pines para señales de audio "balanceadas". Cuando los conectores XLR macho y hembra se acoplan, el diseño del conector hace contacto en el pin 1 (tierra) antes que cualquier otro pin. Esto evita posibles daños al sistema. Una señal de audio balanceada ofrece una gran protección contra el ruido EMI (interferencia electromagnética) y puede viajar una gran distancia. Por esta razón, las líneas balanceadas que usan conexiones XLR a menudo se usan para micrófonos, mezcladores, amplificadores y otros dispositivos de audio profesional.

Speakon (Neutrik)

Suelen ser los conectores standard para el conexionado de etapas y altavoces tanto para señal de audio como carga (PowerCon).

La mayoría de los que utilizamos son de dos o cuatro conductores (usando solo dos conexiones). Eso significa que se utilizan los terminales con la etiqueta +1 y -1. Dependiendo de las vías, se emplean distintas configuraciones de los polos.

Jack

Típicamente ¼ "TS o TRS. TS a veces se considera mono y TRS a veces se considera estéreo. TS es mono y no balanceado, mientras que TRS puede ser mono o estéreo (no balanceado o balanceado). Mayormente empleado en las conexiones de instrumentos o algunas entradas/salidas de los equipos de sonido.

Multicore/multi-pin

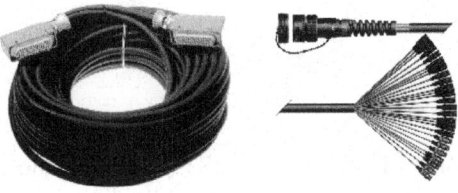

Suelen utilizarse para los patchs/cajetines de escenario para dividir las señales del mezclador de monitores y FOH. Robustos y fiables, pueden resistir temperaturas bajas y altas. Dado su anclaje de seguridad, los hacen muy aptos para conexiones de seguridad.

RCA

Diseñado por la compañía RCA, es un sistema no considerado profesional debido a que la señal de los RCA no es balanceada por lo que corresponde generalmente a -10 dBV.

Un cable coaxial S / PDIF puede transportar PCM lineal o contenido digital Dolby® AC-3 / DTS® multicanal. Para audio estéreo de doble canal, dos conectores RCA entregan la señal de audio analógico a los canales de audio izquierdo y derecho.

12.2.2 Conexiones y protocolos de redes digitales

RJ45 connector   Neutrik EtherCon®   SC fibre connector   Fiberfox® EBC52   Neutrik OpticalCon   GBIC

Convertidores de distintos formatos de red

En la actualidad existen muchos formatos de cableado digital. Los diferentes fabricantes apuestan por los diversos formatos disponibles en la actualidad, pero poco a poco se va compatibilizando el protocolo de interconexionado entre los diferentes sistemas.

AES3/EBU

Protocolo de conexión XLR digital. El AES3 (también conocido como AES / EBU) es un estándar para el intercambio de señales de audio digital entre dispositivos de audio profesionales. Una señal AES3 puede transportar dos canales de audio PCM a través de varios medios de transmisión, incluidas líneas balanceadas, líneas no balanceadas y fibra óptica. Este lo encontramos muy a menudo en los mezcladores de directo para permitirnos el conexionado entre equipos digitales como procesadores o etapas de potencia.

RJ45

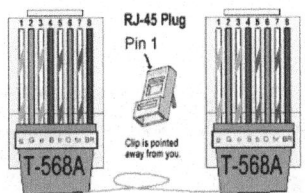

"RJ" significa "conector registrado", este es una interfaz de red física estandarizada para conectar equipos de telecomunicaciones o datos. En el sonido, es un componente común utilizado para conectar equipos como mezcladores, procesadores, ordenadores etc., a redes de área local (LAN) basadas en Ethernet.

AES67

Es un estándar para la interoperatividad de audio sobre IP de alto rendimiento. Cuando un fabricante sigue las definiciones y requisitos de la norma, los dispositivos que se adhieren a otros protocolos AoIP (Audio over IP) que no interactúan entre sí (es decir, Dante, Livewire, QLAN o RAVENNA) pueden volverse interoperables permitiendo por tanto la compatibilidad entre estos.

MADI

Multichannel audio digital interface (interfaz multicanal de audio digital), es un protocolo de conexión digital standard muy utilizado en muchos de los actuales equipos de audio. Este es capaz de conectar hasta 64 canales de audio a 24bits/48kHz transmitidos en serie en un único cable de transmisión coaxial BNC de 75 ohmios. Mediante este podemos conectar largas distancias mediante fibra óptica.

CobraNet

Propiedad de Cirrus Logic, CobraNet es una combinación de software, hardware y protocolos de red diseñados para entregar audio digital sin compresión, multicanal y de baja latencia a través de una red Ethernet estándar.

SoundGrid

Es un sistema DSP de la compañía Waves. El cual desahoga nuestro sistema de mezcla otorgando más potencia de procesamiento y permitiendo descargar plugins de Waves, así como de otros fabricantes a un servidor SoundGrid utilizando el mismo ordenador y la interfaz de audio que disponemos mediante conexión Ethernet. Algunos mezcladores soportan instalar dichas tarjetas, en otras habrá que hacerlo mediante conexión vía MADI.

WheatNet

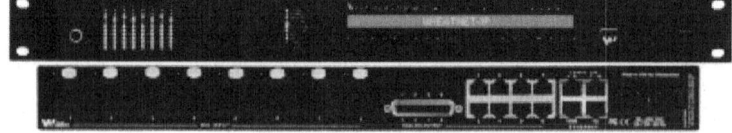

IP basado en el protocolo de internet, el sistema de red WheatNet-IP de la compañía Wheatstone. Este sistema permite que el audio se distribuya de manera inteligente a los diferentes dispositivos a través de redes escalables. Lo cual permite que todas las fuentes de audio estén disponibles para todos los dispositivos (mezcladores, superficies de control, controladores de software, dispositivos de automatización etc) y que se controlen desde todos los dispositivos. WheatNet-IP es compatible con AES67 y representa una solución completa de extremo a extremo, con transporte de audio, control total y un conjunto de herramientas para permitir una implementación y operación excepcionalmente inteligente.

Toslink /ADAT

Desarrollado por Toshiba, pero adoptado por muchos otros fabricantes y es un equipo estándar en muchas fuentes de A / V. Aunque TOSLINK utiliza un cable de fibra óptica, está limitado a una longitud máxima de cable de aproximadamente 5 metros, debido a la baja potencia de los LED utilizados en los transceptores. Este puede transmitir hasta 8 canales de protocolo ADAT en un solo cable.

S/PDIF

Estándar de audio digital. Un cable coaxial S / PDIF puede transportar PCM lineal o contenido digital Dolby® AC-3 / DTS® multicanal. Para audio estéreo de doble canal, dos conectores RCA entregan la señal de audio compuesto analógico a los canales de audio izquierdo y derecho.

12.3 DANTE

Dante es un protocolo de transporte de audio de capa de red patentado desarrollado por Audinate. Dante empaqueta los datos de audio como una carga útil dentro de un paquete

IP. Eso significa que el tráfico de Dante es completamente enrutable. Un enrutador puede enviarlo de un Lan a otro o desde dentro de una VLAN hacia fuera de una VLAN. Dante abarca hardware, software de control y el protocolo de transporte en sí. Las fuentes de audio deben estar habilitadas para Dante o conectadas a un dispositivo habilitado para Dante. Podemos convertir un ordenador con PC Windows o Apple en un dispositivo habilitado para Dante utilizando el software patentado de Audinate, Dante Virtual Soundcard. Cualquier conmutador o enrutador estándar puede reenviar datos Dante.

12.3.1 Tipos comunes de interconexionado DANTE

Red redundante

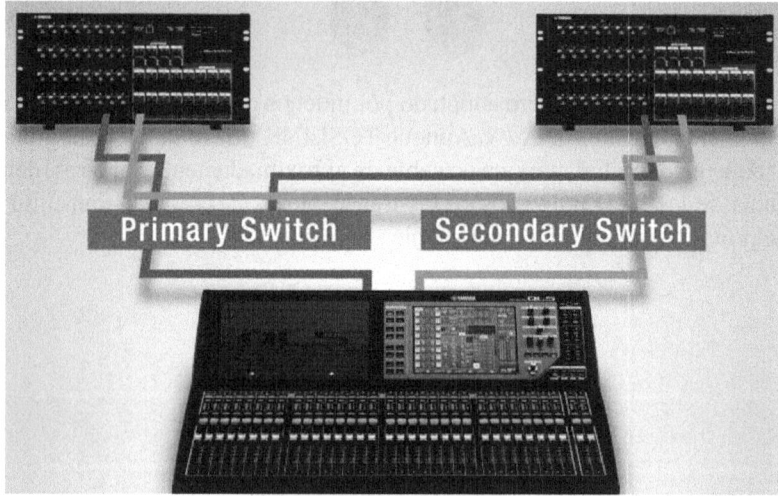

Una configuración red redundante envía dos copias de toda la información de Dante (audio, datos del reloj, mensajes de control, etc.), a través de dos redes separadas, con la idea de que si una red se cae por algún motivo (por ejemplo, debido a un cable roto o un corte de energía) entonces el audio no dejará de fluir a través del sistema. En un sistema analógico, las señales de audio se ejecutan a través de cables individuales, por lo que, si un cable se rompe, generalmente solo se ve afectada una conexión. En muchos casos, se planifican algunas conexiones de repuesto en cables multinúcleo para que la funcionalidad del sistema no se vea seriamente afectada si algo sucede, esto presenta una solución fácil de gestionar. Sin embargo, en una red, el fallo de un solo cable de larga distancia puede potencialmente deshabilitar el sistema completo, lo que le da al ingeniero un trabajo duro para restaurarlo. Es por eso por lo que los sistemas en red deben diseñarse con mecanismos de redundancia. Dicho sistema debe incluir conexiones redundantes que se hagan cargo de la funcionalidad del sistema automáticamente si algo sale mal. Los cables se pueden colocar el doble para todas las conexiones cruciales de larga distancia. De esta manera, si un cable falla, el otro se hace cargo de la señal.

Daisy chain

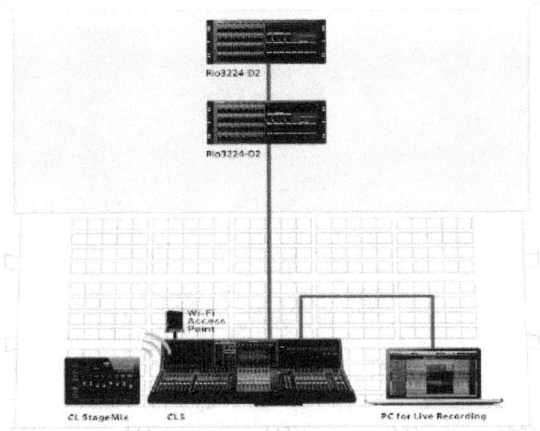

Algunos equipos de redes Dante se configuran de manera predeterminada en el modo Daisy Chain, donde la función redundante está deshabilitada y el dispositivo habilitado para Dante se convierte esencialmente en un conmutador de dos puertos que utiliza los conectores primario y secundario. Esto se traduce a una topología en cadena, con dispositivos que leen y escriben canales de audio en un flujo de datos bidireccional con un ancho de banda fijo de 64 canales en ambas direcciones. Una ventaja de esta topología es que el enrutamiento de la información de la red es relativamente simple y, por lo tanto, rápido de configurar. Una desventaja de la topología Daisy Chain es el comportamiento del sistema en caso del fallo de un dispositivo en la cadena, ya que si un dispositivo falla, el sistema se corta en dos partes, sin ninguna conexión entre las dos.

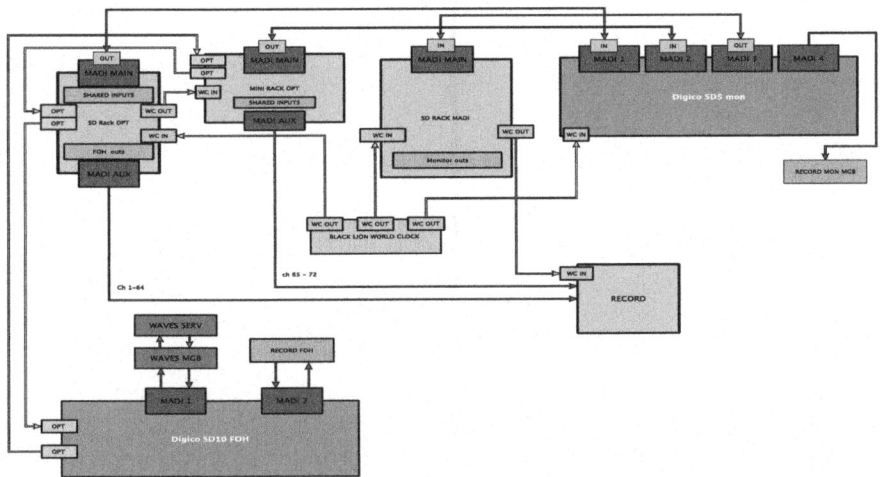

Ejemplo de un Esquema de un complejo interconexionado de protocolos digitales entre dos controles para la final de la copa de Europa en Kiev 2018

12.4 STANDS DE MICROFONÍA

Son los soportes para los micrófonos. Estos son posicionados en el escenario según la fuente a cubrir. Normalmente se emplean x3 tipos de stands según su tamaño.

Booms stands

Estos soportes son casi iguales a los completamente rectos estándar, pero vienen con un brazo adjunto. Con los brazos articulados adjuntos, puede colocar los micrófonos más lejos de la parte vertical del soporte. Además, permiten ajustar el brazo articulado en varios ángulos para configurar el micrófono correctamente.

Los soportes tipo boom, ofrecen una mejor flexibilidad y capacidad de ajuste. También son mejores para aquellos que usan el micrófono mientras están sentados, ya que este tipo de soporte de micrófono viene con un brazo telescópico en el que puede ajustar el brazo angular y el brazo para un mejor ajuste de altura.

Low profile stands

Son el tipo de soportes de poca altura para utilizar en los amplificadores de guitarra, guitarras de flamenco o clásicas cuando el músico toca sentado o también en los bombos de las baterías entre alguno de sus usos. Vienen con un brazo articulado más corto y soporte. Además, cuentan con altura ajustable con un rango más corto en comparación con el soporte de micrófono estándar.

El soporte de bajo perfil también suele emplearse para microfonear el parche de arriba/abajo de la caja de la batería, así como otros instrumentos musicales de bajo perfil.

Bonsai type/desk stand (stand de bombo)

Suelen venir con un contrapeso ajustable para lograr un equilibrio óptimo. También permiten ajustar sus alturas para un alcance máximo. Muy empleados para los bombos de batería o cajones de flamenco.

12.5 MICRÓFONOS

Cuando vamos a realizar una sonorización de un directo, debemos de adaptar este a la fuente a sonorizar, así como el entorno o recinto acústico donde vayamos a realizar la sonorización. Cada micrófono tiene un distinto comportamiento y ángulo de mayor sensibilidad/rechazo según diagrama polar, así como la radiación de este:

Microphones

Polar Pattern-
Cardioid

Shure SM58

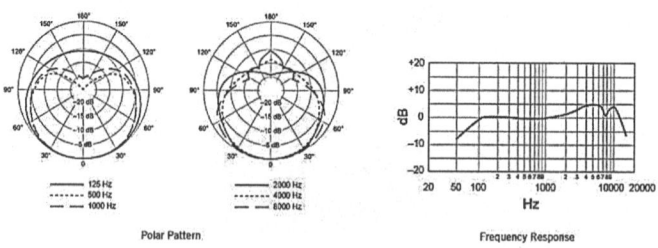

Diagrama polar y respuesta y frecuencia del popular micrófono para directos Shure Sm58

Para el sonido en directo se suelen emplear una combinación de micrófonos dinámicos y de condensador siendo algo inusual el emplear otro tipo de micrófonos. Vamos a ver algunos de los usos más comunes de estos.

INSTRUMENTOS	TIPO DE MICRÓFONO
Voces	Dinámico/condensador
Bombo de batería	Dinámico
Caja de Batería	Dinámico
Timbales	Dinámico
Platos de batería	Condensador
Hi-Hat/Charles	Condensador
Bajo eléctrico	D.I (Caja de inyección) /Microfonía-Amplificador
Guitarra eléctrica	Dinámico
Guitarra acústica	Dinámico-Amplificador-D. I
Piano	Condensador
Teclado	D.I
Violín	Condensador
Trompeta	Dinámico/Condensador
Saxo	Dinámico/Condensador

12.5.1 Micrófonos inalámbricos

Sistema Sennheiser EWD 835-S Set (R1-16)

Los micrófonos inalámbricos suelen ser ampliamente empleados para las aplicaciones de sonido en directo. Estos pueden evitar situaciones donde un micrófono convencional de cable se puede interponer en el camino de un artista, ya que muchas veces este se puede enredar alrededor de una parte del cuerpo. También ocurre que el cable no ha sido lo suficientemente largo evitando que el músico o artista no pueda aproximarse hacia la audiencia. También pueden evitar la desconexión en un momento inoportuno de la actuación.

En resumen: los micrófonos de mano inalámbricos ofrecen mayor libertad de movimiento.

Cosas a tener en cuenta a la hora de emplear un sistema de microfonía inalámbrica

Existe una extensa lista de funcionalidades en los distintos sistemas de microfonía inalámbrica.

¿Cuáles son las cosas en las que debemos fijarnos a la hora de tener un músico o cantante utilizando un micrófono inalámbrico en el escenario?

▶ **Duración de la vida de la batería:**

Estamos ante un show el cual va a durar unas cuantas horas, cuando esto suceda, deberemos de asegurarnos de que la batería de los micrófonos inalámbricos dure lo suficiente para cubrir la duración del espectáculo. Por lo tanto, debemos de ir verificando las vidas de las baterías.

La mayoría de los sistemas inalámbricos para vocalistas tienen tiempo para una actuación completa, pero no querrás que te atrapen. Así que asegúrate de verificar que la duración de la batería sea lo suficientemente alta para sus requisitos personales.

Cada sistema de micrófono inalámbrico viene con un transmisor y una unidad receptora

▶ **Asegurarnos de emplear una banda de frecuencia limpia:**

Es importante el buscar una banda de frecuencia libre de interferencias la cual nos ofrezca un sonido limpio.

▶ **Emplear un mismo banco de frecuencia:**

Es muy importante usar el mismo número de "banco" de frecuencia para múltiples sistemas en el mismo rango de frecuencia. Por ejemplo, bancos A/B/G. De esta manera se garantiza que todas las frecuencias de un banco en particular son compatibles, por lo que múltiples sistemas no causarán interferencias entre sí.

ⓘ NOTA

¡Recuerda usar el mismo BANCO (pero diferentes canales) para sistemas en el mismo rango de frecuencia!

▶ **Sincronizar el emisor con el receptor:**

Existe una función y un pulsador el cual sincroniza los dispositivos para que estos sean conjuntamente operativos entre un transmisor y un receptor.

Otros parámetros

▶ **Squelch:**

El Squelch ayuda a proteger de la estática que atraviesa el sistema cuando los transmisores están apagados. Elevar el Squelch aumentará esta protección mientras disminuye la distancia de transmisión. Podemos realizar un "escaneo de una nueva lista" para asegurarnos de que estamos en una frecuencia libre y evitar así posibles problemas. Para mayor protección, se puede ajustar el Squelch a "medio", sin embargo, las configuraciones predeterminadas son ajustadas con un nivel de Squelch bajo para un rango máximo.

Existen algunos prácticos receptores los cuales nos permiten visualizar la carga de la batería.

El transmisor envía el audio capturado por la cápsula del micrófono al receptor donde la señal es ruteada a un mezclador o algún otro tipo de interfaz de audio

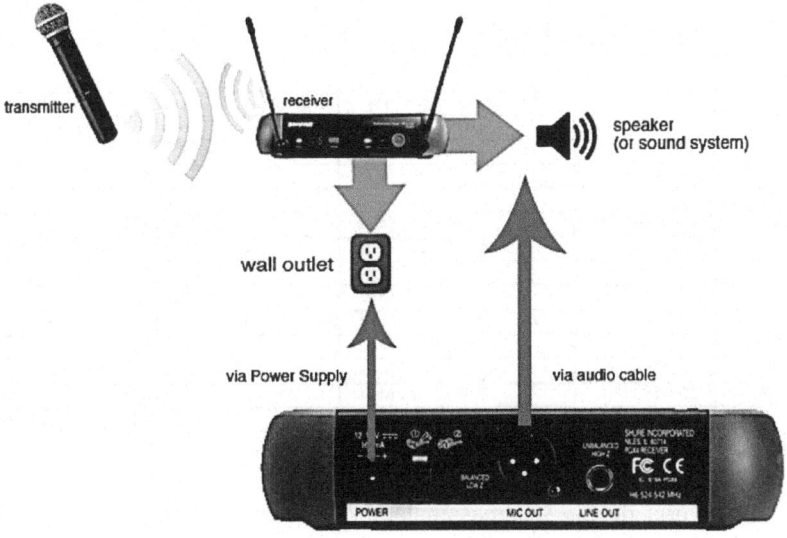

Para la mayoría de los sistemas portátiles inalámbricos, la cápsula del micrófono y el transmisor son una unidad integrada.

También existen transmisores XLR conectable los cuales funcionan con cualquier micrófono dinámico normal.

El SKP 100 G3 Sennheiser transforma cualquier micrófono XLR
convencional en un práctico sistema inalámbrico

Para configurar el sistema, se debe configurar el transmisor y el receptor en la misma frecuencia. Muchos sistemas tienen compatibilidad mediante una conexión automática, por lo tanto, en la mayoría de los dispositivos este paso resulta ser algo relativamente sencillo.

12.5.2 Rango de frecuencias

Channel	Frequency	Channel	Frequency	Channel	Frequency	Channel	Frequency
21	470-478 MHz	34	574-582 MHz	47	678-686 MHz	60	782-790 MHz
22	478-486 MHz	35	582-590 MHz	48	686-694 MHz	61	790-798 MHz
23	486-494 MHz	36	590-598 MHz	49	694-702 MHz	62	798-806 MHz
24	494-502 MHz	37	598-606 MHz	50	702-710 MHz	63	806-814 MHz
25	502-510 MHz	38	606-614 MHz	51	710-718 MHz	64	814-822 MHz
26	510-518 MHz	39	614-622 MHz	52	718-726 MHz	65	822-830 MHz
27	518-526 MHz	40	622-630 MHz	53	726-734 MHz	66	830-838 MHz
28	526-534 MHz	41	630-638 MHz	54	734-742 MHz	67	838-846 MHz
29	534-542 MHz	42	638-646 MHz	55	742-750 MHz	68	846-854 MHz
30	542-550 MHz	43	646-654 MHz	56	750-758 MHz	69	854-862 MHz
31	550-558 MHz	44	654-662 MHz	57	758-766 MHz	ISM	862-868 MHz
32	558-566 MHz	45	662-670 MHz	58	766-774 MHz	1G8	1785-1795 MHz
33	566-574 MHz	46	670-678 MHz	59	774-782 MHz	1G8	1795-1800 MHz

Figure 1: UHF band

La mayoría de los sistemas inalámbricos tienen diferentes rangos de frecuencia inalámbrica disponibles para el mismo modelo. Estos están diseñados para su uso en diferentes países, con algunas frecuencias que requieren licencias en algunos países, mientras que no requieren ninguna en otros. Prácticamente todos los sistemas digitales suelen estar libres de licencia en todos los países.

12.5.3 Rango operativo

¿Qué distancia puede alcanzar un micrófono inalámbrico?

Puede haber diferencias de rango significativas entre los sistemas existentes, por lo que debemos examinar esta parte de las especificaciones en los distintos sistemas.

Si bien los micrófonos inalámbricos permiten alcanzar una razonable distancia, estos tienen un límite. Los modelos premium suelen tener un rango operativo bastante alto.

Relación señal-ruido

Cuando se utiliza de forma inalámbrica, siempre habrá algún nivel de interferencia de otros dispositivos. Afortunadamente, la mayoría de los sistemas tienen una buena relación señal-ruido, por lo que normalmente no se escuchará ninguna de estas interferencias.

Pero algunos dispositivos tienen mejores relaciones señal-ruido que otros. También es algo lo cual debemos de comprobar para poder obtener la mejor calidad de señal posible.

Futura ampliación del sistema/escalabilidad

Es posible que tan solo vallamos a adquirir un solo micrófono inalámbrico por el momento, pero cuando adquirimos un sistema inalámbrico es también importante pensar si vamos a agregar sistemas adicionales en el futuro.

Si la respuesta es afirmativa, debemos de verificar cuántos sistemas admite nuestro modelo elegido mediante una sola red. Resultaría algo contraproducente optar por un modelo más económico solo para tener que reemplazarlo por completo cuando se necesite ampliar este y agregar más sistemas.

12.5.4 Cajas de inyección (DI)

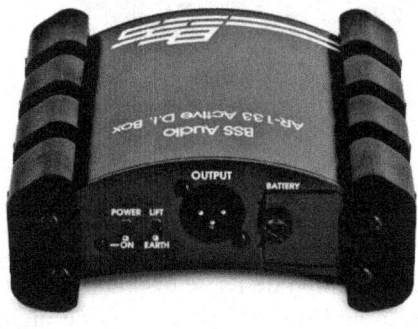

Nacidas por necesidad en los estudios de grabación para adaptarse a los instrumentos eléctricos que surgieron en la década de 1960, las cajas directas (también conocidas como DI, que significa "Direct Inject") comenzaron como una forma de resolver un desajuste básico de impedancia entre pastillas de guitarra electrodinámicas y electrónica de estudio sensible. Aunque muchas DI modernas son mucho más sofisticadas que los modelos originales, incluso ahora, la función principal de las cajas DI es tomar una señal no balanceada de alta impedancia y convertirla en una señal balanceada de baja impedancia. Esto permite ejecutar la guitarra y el bajo directamente en los preamplificadores del micrófono o enviar la señal a través de cables extendidos sin perder volumen e información significativa de alta frecuencia.

DI pasivas

Las cajas DI pasivas modernas suelen utilizar un tipo de transformador para convertir la señal de alta impedancia en una señal de baja impedancia. Este estilo de transformador presenta devanados separados eléctricamente en las etapas de entrada y salida, que aíslan los voltajes a nivel de tierra y eliminan los bucles de tierra. El resultado es que la señal tiene una impedancia igualada para un preamplificador de micrófono estándar y está libre del zumbido de tierra que se origina en la etapa de entrada. Las DI pasivas son ideales para instrumentos de alta salida. Dado su bajo costo como su durabilidad las convierten en el tipo de caja de inyección más popular.

DI activas

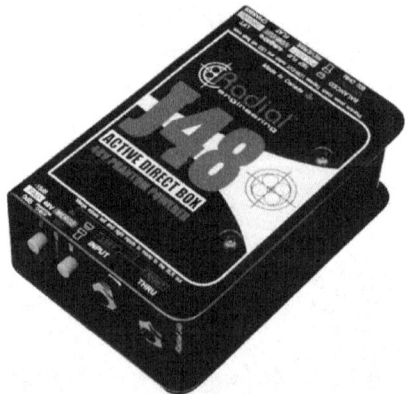

Radial J48 Active direct box

La mayor diferencia entre una DI activa y una DI pasiva es que una DI activa incluye un preamplificador. Este tipo de DI se diseñó originalmente para proporcionar una ganancia adicional para aumentar la salida débil de algunas pastillas pasivas de bobina simple, esta ganancia adicional resulta ser muy favorable a la hora de conducir tramos de cable largos. Muchas DI activas modernas incluyen capacidades avanzadas de enrutamiento de señal y mayor headroom que sus homólogos pasivos, lo que las convierte en una excelente opción para teclados e instrumentos con pastillas activas. El circuito incorporado en las DI activas requieren alimentarse con energía la cual puede provenir de baterías, fuentes de alimentación dedicadas o alimentación fantasma de 48 V, según el modelo. Además, debido a que son técnicamente más complejas que las DI pasivas, las DI activas suelen ser un poco más caras.

Qué buscar en una DI

Las cajas directas han recorrido un largo camino desde los años 60, y tanto los modelos pasivos como los activos cuentan con una amplia gama de funciones y opciones adicionales que pueden hacerlos extremadamente versátiles. Estas son algunas de las funciones adicionales que se pueden encontrar comúnmente en la DI modernas.

12.5.5 Múltiples Canales

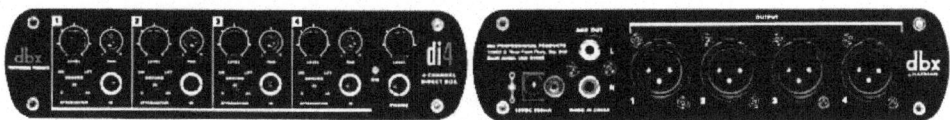

DBX DI4

Si bien las DI de un solo canal siguen siendo el tipo más común en el mercado, también existen versiones multicanal. Incluso hay unidades DI de montaje en rack para equipos de escenario grandes que regularmente cuentan con ocho o más canales DI. Las cajas directas de dos canales son ideales para teclados y otros instrumentos electrónicos; mientras que las cajas DI especiales para ordenadores y reproductores multimedia pueden hacer que la conexión de computadoras portátiles y dispositivos móviles al sistema de PA sea totalmente sencilla.

Thru (a través/derivación)

Un "thru" (abreviatura de rendimiento) o "bypass" divide la señal de nivel de instrumento entrante original en una salida separada de 1/4″. Esto permite enviar la señal sin procesar a un amplificador en el escenario, así como al PA a través de la salida XLR balanceada. Esto es particularmente útil para el bajo, lo que permite al bajista usar un amplificador solo para monitorear en el escenario, lo que reduce drásticamente el volumen del escenario. Los bypass pueden ser completamente pasivos o, en algunas DI activas, amortiguados para permitir tramos de cable más largos o cadenas de pedales de efectos.

Elevación de tierra

Aunque las cajas directas pueden hacer maravillas para reducir o eliminar el ruido externo que afecta a las señales de nivel de instrumento desequilibradas, incluso los equipos de audio equilibrados pueden ser susceptibles al zumbido causado por los bucles de tierra. Un levantamiento de tierra conmutable permite desconectar el pin 1 en el conector XLR de la caja DI, evitando que la corriente fluya entre el DI y el preamplificador del micrófono a lo largo del blindaje, rompiendo así el bucle de tierra y eliminando este ruido.

Pad de atenuación

Algunas cajas DI cuentan con un atenuador conmutable llamado "pad" para evitar que la ganancia excesiva sobrecargue el circuito. Este circuito reduce la señal entrante en una cantidad fija (los pads de -15dB y -20dB son comunes) para adaptarse a la salida alta de pastillas activas y equipos de nivel de línea no balanceados, como teclados y otros instrumentos electrónicos.

Polaridad inversa

A veces etiquetado como un interruptor de "fase", una polaridad inversa cambia de una configuración XLR estándar de Pin 2 activo a Pin 3 activo. Esta función puede ser útil de varias maneras. Además de corregir los cables XLR mal cableados, un interruptor de inversión de polaridad puede alinear la polaridad absoluta de una señal directa con la de un micrófono en la misma fuente, una técnica de grabación de bajo y guitarra acústica que se usa a menudo en los estudios. La polaridad inversa también puede ayudar a evitar la retroalimentación, y es una característica útil en caso de que el canal del mezclador no esté equipado con la función de polaridad inversa.

Patch de escenario/Sub Patches/Cajas de conexionado (Stage boxes)

Caja de conexionado de la compañía Neutrik

La función principal de una caja de escenario es actuar como una interfaz para las señales de audio entre el escenario y la posición de mezcla. En el escenario, podemos conectar todos nuestros micrófonos y cajas DI a los conectores XLR en nuestra caja de escenario, la caja de escenario centraliza todas las conexiones y mediante una manguera lleva las señales hasta la posición de mezcla. Del mismo modo, otros conectores en la posición de mezcla nos permiten enviar cualquier mezcla o señal que necesitemos al escenario, por lo que podría ser la mezcla principal para los altavoces FOH o varias mezclas de monitores. Otro gran uso de las cajas de escenario es permitir múltiples entradas en cualquier zona del escenario y luego transferirlas fácil y ordenadamente a la caja de escenario principal (Stage boxes).

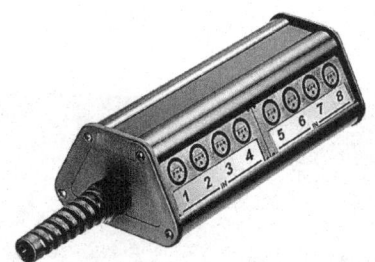

Caja de conexión de escenario de x16 entradas

Si las cajas de conexionado de escenario se colocan en el otro lado del escenario desde la caja del escenario principal, podemos usar una caja de escenario más pequeña para obtener todas las señales donde deben estar y centralizar las conexiones. En el caso de la batería, esto es mucho más fácil que colocar 8 o más cables XLR a lo largo del escenario.

Cajas de escenario analógicas

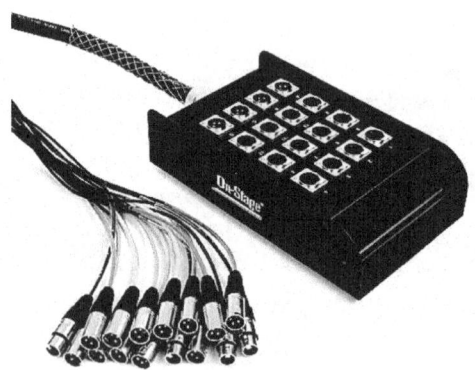

Las cajas de escenario analógicas consisten en múltiples cables/conectores que se ejecutan a lo largo de un solo cable grueso y blindado. Por lo general, tienen conectores XLR en ambos extremos, pero algunas cajas de escenario pueden tener conectores jack. Vienen a ser un montón de cables XLR pegados entre sí para mayor comodidad. En la actualidad se pueden encontrar cajas del escenario principal en lugares más pequeños, aunque cada vez es menos común, también se pueden encontrar en lugares de todos los tamaños como interfaces para diferentes zonas del escenario, debido a su simplicidad. Estas suelen tener tanto canales de entradas como salidas auxiliares para los correspondientes envíos a los monitores de escenario.

12.5.6 Racks de conexiones E/S

Cajas de escenario digitales

Racks de conexionado Yamaha Rio1608-D2/3224-D2

Actualmente la caja de escenario digital es la que se emplea como alternativa a la analógica. La primera diferencia está en el cable, en lugar de un cable grande y grueso que lleva varios cables XLR, la caja de escenario digital transfiere el audio a través de un solo cable tipo CAT. Según el estándar que se utilice, se pueden transferir varios cientos de canales de audio en un cable CAT al mismo tiempo. En segundo lugar, la forma en que se conecta ese cable CAT es ligeramente diferente. En el extremo del escenario tenemos una caja de escenario digital que se parece mucho a la caja analógica, con múltiples entradas y salidas XLR, esta caja actúa como un convertidor analógico a digital/convertidor digital a analógico (AD/DA). Convierte las señales a medida que llegan y se van y las envía por el cable CAT. En la posición de mezcla, el mezclador tendrá una entrada para el cable CAT, donde puede recibir los canales de audio del escenario y enviar las mezclas de regreso a la caja del escenario.

Esta tiene varias ventajas en comparación con la variante analógica, el cable es mucho más ligero y delgado y solo existe una conexión en la posición de mezcla. Además de esto, las cajas de escenario a menudo son expandibles; podemos conectar cajas de almacenamiento o preamplificadores adicionales a través de un cable CAT u otras conexiones digitales. Las únicas desventajas reales son que existen múltiples estándares y marcas diferentes, y a menudo no interactúan bien entre sí. Además, el flujo de señales puede ser un poco menos sencillo y usar la funcionalidad completa de algunos sistemas digitales puede requerir un poco de conocimiento de la red. Esto también requiere de un mezclador digital compatible para interactuar con la caja de escenario digital.

12.6 SISTEMAS DE MONITORAJE

Un monitor de escenario es un altavoz que se utiliza para dirigir el sonido en el escenario para que las personas en el escenario puedan escuchar lo que está ocurriendo dentro de este, así como permitir escucharse entre todos ellos. A veces se dan las circunstancias donde los músicos no se pueden escuchar debidamente sin un monitor de escenario, los artistas escuchan reverberaciones que se reflejan en las paredes del lugar y pueden distorsionar el sonido, el tempo y el tono, todo ello afectando directamente a la calidad de su actuación. Los monitores de escenario permiten a los artistas mantener su enfoque para que puedan mantener la consistencia de la actuación.

Los lugares de una variedad de formas y tamaños están diseñados para acomodar monitores de escenario. El monitor de escenario tradicional, también llamado fold back, es un altavoz en forma de cuña colocado en la parte delantera del escenario y orientado hacia la parte posterior. Dicho altavoz posee un perfil bajo para no ser muy visible. También es posible usar audífonos para escuchar, una opción que se está volviendo más atractiva para algunos artistas porque también brinda protección para los oídos, lo cual puede reducir los riesgos de sufrir daños auditivos.

12.6.1 Sistemas In EAR /IEM's

Que los músicos puedan escucharse entre ellos muchas veces resulta una tarea difícil, afectando todo ello a la calidad de la actuación. Los IEMs se desarrollaron para solventar dichos problemas además de reducir el ruido del escenario de los monitores del suelo. Estos también permiten que los cantantes y músicos se muevan prácticamente a cualquier parte del escenario.

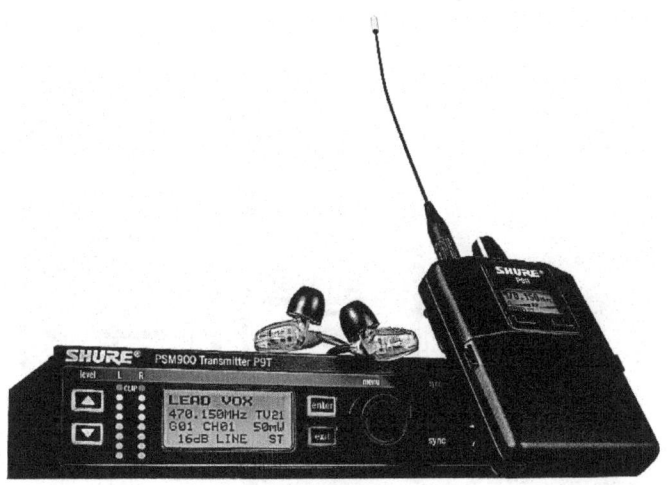

Sistema Shure PSM900

Los IEM inalámbricos pueden reducir drásticamente el volumen del escenario para facilitar la gestión del sonido. También reducen el desorden de cables y permiten libertad de movimiento.

Jhaudio modelo Ambient Pro

Estos beneficios pueden ayudar a agilizar el proceso de configuración y facilitar que los ingenieros de mezcla hagan su trabajo de manera efectiva. También eliminan las limitaciones direccionales de los monitores del suelo. Permiten que los cantantes y músicos se muevan prácticamente a cualquier parte del escenario. También brindan protección para los oídos reduciendo los riesgos de sufrir daños auditivos.

12.6.2 Etapas de potencia

Un amplificador de potencia es un dispositivo que se encuentra entre una fuente de sonido y un altavoz pasivo. Su trabajo es tomar una señal de nivel de línea y amplificarla para que esta sea lo suficientemente alta como para cubrir un determinado recinto acústico. Los amplificadores de potencia pueden presentar varios canales de entradas y salidas. Por ejemplo, un amplificador de potencia mono posee un canal y un amplificador de potencia estéreo tendría dos canales. Si bien los diseños varían, una característica estándar en la mayoría de los amplificadores de potencia es un interruptor de encendido, que activa el dispositivo, y un control de volumen, que determina el nivel de salida del dispositivo. Si se desea aumentar el volumen de una fuente de sonido para poder pasarla a través de un altavoz (o varios altavoces), será necesario un amplificador de potencia para realizar el trabajo.

Rack de etapas de potencia LA7.16i del fabricante L-Acoustics

Según la potencia requerida por el sistema de altavoces, se precisarán de determinadas cantidades de sistemas de amplificación para poder alimentar a estos de una manera eficiente.

Un ohm (Ω) es una medida de resistencia eléctrica. Los amplificadores de audio están diseñados para funcionar con cargas de altavoces de 4, 8 o 16 ohmios, obteniendo un rendimiento óptimo del sistema si la carga total de ohmios de los altavoces es exactamente la correcta para el amplificador. Si la impedancia total del altavoz es demasiado alta, eso reducirá la potencia entregada a los altavoces. Si la impedancia total de los altavoces es demasiado baja, la potencia entregada a los altavoces será mayor, lo que puede sobrecargar sus altavoces y dañar el amplificador. Se puede conectar cualquier cantidad de altavoces a un amplificador, siempre que estén interconectados para que la resistencia acumulada no caiga por debajo de la impedancia de salida especificada del amplificador.

Podemos realizar dos tipos de conexionado de los altavoces:

▼ Conexión en serie.

▼ Conexión en paralelo.

Conexión en Serie

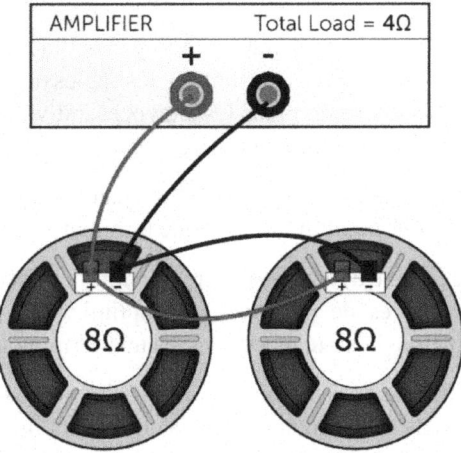

Al realizar el cableado en serie, conecta el terminal negativo (-) del primer altavoz al terminal positivo (+) del siguiente altavoz de la cadena. Esto se puede repetir a más altavoces según sea necesario.

En el altavoz final, el cable negativo (-) restante se enrutará de regreso al amplificador.

El resultado final lo dejará con un cable positivo (+) desde el primer altavoz y un cable negativo (-) desde el altavoz final de la cadena conectada al amplificador.

Al conectar varios altavoces en serie, la impedancia resultante es la suma de la impedancia de cada altavoz. De esta forma, si conectamos 2 altavoces de 4 ohmios. en serie, la impedancia resultante será 8 ohmios.

Conexión en paralelo

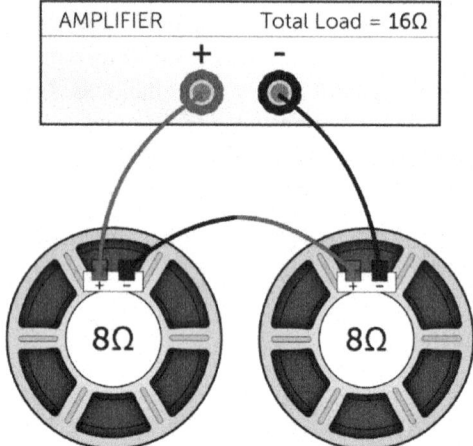

El cableado en paralelo es la forma más común y sencilla de cableado. Todo lo que implica es combinar los cables positivos (+) juntos y los cables negativos juntos (-). Esto se puede lograr simplemente conectando todos los altavoces individualmente en los mismos terminales correspondientes en el amplificador, o conectando los altavoces juntos.

El beneficio del paralelo es que no necesita conectar ningún cable al amplificador. Una vez que se conecta el último altavoz, se puede terminar el cableado en ese punto.

La siguiente regla general te ayudará a hacer coincidir la impedancia de los altavoces de P.A con los amplificadores de potencia para optimizar el rendimiento (evitando sobrecargas y otros problemas). No te preocupes; es una fórmula fácil de usar y recordar.

Para mantener la ecuación de impedancia lo más simple posible, la mayoría de las personas colocan recintos de la misma impedancia en un circuito paralelo. Si se emplean recintos con la misma impedancia, entonces es tan simple como dividir esa impedancia por la cantidad de altavoces.

Si conectamos varios altavoces en paralelo, la impedancia resultante baja. Por ejemplo, si tenemos cuatro altavoces clasificados en 16 ohmios, entonces la ecuación es 16 ohmios divididos por 4 gabinetes, lo que da como resultado una clasificación general de 4 ohmios. Alternativamente, conectar dos altavoces (o gabinetes) de 8 ohmios en paralelo se traduce en $8 \div 2 = 4$ ohmios.

Una breve lista de referencia rápida de algunas cargas paralelas de uso común.

CANTIDAD DE ALTAVOCES	IMPEDANCIA DE LOS ALTAVOCES (Ω)	IMPEDANCIA OPERACIONAL ÓPTIMA EN ETAPA DE POTENCIA (Ω)
2	16	8
2	8	4
2	4	2
3	16	5,33
3	8	2,67
3	4	1,3
4	16	4
4	8	2
4	4	1

ⓘ NOTA

No conectar una carga inferior a la clasificación de impedancia de salida de nuestro amplificador de potencia.

12.7 RACK DE ECUALIZADORES PARA LOS MONITORES

En un concierto o actuación donde se esté trabajando con un control dedicado para los monitores del escenario, los ecualizadores resultan vitales, ya que estos nos ayudarán a lograr la mayor claridad y el mayor volumen posible a los monitores de escenario, así como poder solucionar posibles feedbaks (acoples) que se puedan originar. Normalmente se suelen emplear dos tipos de ecualizadores:

- Ecualizadores gráficos.
- Ecualizadores paramétricos.

12.7.1 Ecualizadores gráficos

Graphic EQ (1/3rd Octave)-
Typically used on main, matrix or auxiliary outputs

Un ecualizador gráfico tiene ciertas frecuencias que puede reducir o aumentar. Generalmente los modelos de audio profesional que se usan en el sonido en vivo generalmente tienen 31 frecuencias (⅓ octava).

12.7.2 Ecualizadores paramétricos

Estos suelen ser ampliamente empleados y dadas sus características pueden ser muy útiles a la hora de manipular el audio. Algunas de las características son:

- Nos permiten ajustar varios puntos de múltiples frecuencias.
- Permiten un ajuste y ancho de banda frecuencial (factor Q).
- Permiten realizar barridos en el espectro de las frecuencias.

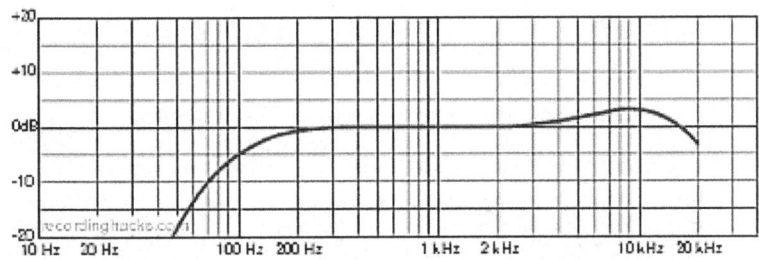

Respuesta en frecuencia de un Micrófono Neumann KM-104

Tanto los monitores como los micrófonos poseen distintas curvas de pronunciación ante determinadas frecuencias, por lo tanto y debido a esto, estas determinadas frecuencias son más susceptibles a la retroalimentación.

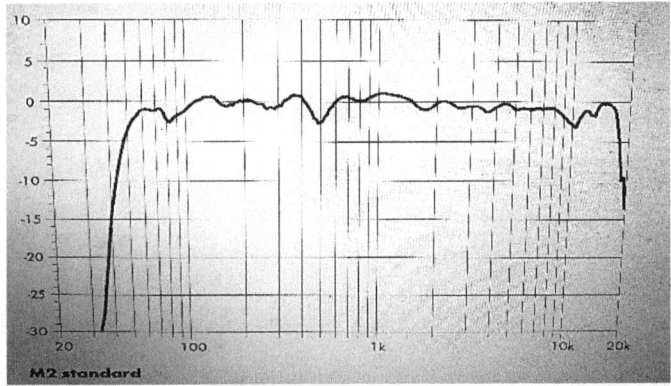

Respuesta en frecuencia de un monitor modelo M2 del fabricante D&B Audiotechnik

La conexión de los ecualizadores se realiza desde las salidas de los envíos a auxiliares del mezclador hacia las entradas de los racks de ecualizadores (Inputs). Será desde las salidas de los ecualizadores (Outputs) cuando la señal sea direccionada a las etapas de potencia.

12.7.3 Unidades FX

Las unidades de FX para el control de monitores suelen emplearse para determinados instrumentos o voces en el caso de que estos lo requieran. No es muy frecuente que los músicos soliciten efectos para sus sistemas personales de monitorización, pero se pueden dar los casos cuando el músico está en un entorno acústico algo "seco" o necesita algo de reverberación artificial para sus IEM´s.

La conexión de las unidades de FX se realizan mediante los envíos a auxiliares del mezclador de monitores y la señal es retornada a algún canal ordinario del mezclador o en los canales específicos para retornos de señal de efectos en el caso de que existieran estos.

12.7.4 Control del sistema de monitores

Aunque muchas veces el técnico o ingeniero de FOH es el que "reluce" más y el técnico de monitores parece ser un subordinado de este, ciertamente la posición en el control de monitoraje de escenario viene a ser más compleja e importante que en FOH. Ya que estamos hablando de realizar simultáneamente varias mezclas individuales acorde al número de músicos que se encuentren en el escenario y todo lo que ello conlleva. Para una buena actuación se necesitan 3 cosas vitales:

1. **Que los artistas o bandas tengan un mínimo de calidad interpretativa.**

   - Dotes de talento.
   - Buenos instrumentos/backline.

2. **Que el público pueda escuchar bien la actuación.**

   - Dependerá del recinto acústico donde se realice la sonorización.
   - La calidad del sistema de megafonía.
   - Un correcto montaje y puesta en marcha de los equipos.
   - Un óptimo ajuste del sistema de P.A (Ingeniero de sistemas).
   - La mezcla del técnico en FOH.

3. **Que los músicos o artistas se puedan escuchar correctamente a si mismos y entre si mismos.**

   - Realizar una buena prueba de sonido para poder solucionar cualquier deficiencia.
   - Una buena mezcla en sus sistemas de monitorización.

(i) NOTA

Es muy posible que, si falla en algo alguna de estas cosas, una actuación no llegue a alcanzar el éxito que esta debería.

Un buen monitoreo consiste en tener el equipo adecuado a la naturaleza del lugar y de la actuación, montarlo bien y, por supuesto, operarlo con eficacia.

En la actualidad existen varios formatos de mezcladores adecuados para realizar los trabajos de mezcla en los sistemas de monitorización. La elección de estos se basará en el número de canales o el formato de las bandas o el evento a cubrir.

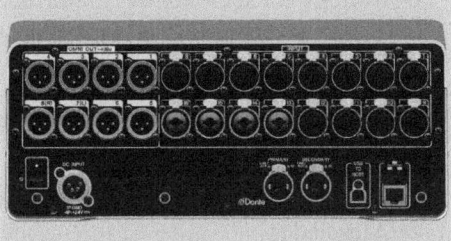

Yamaha DM3

En los actuales mezcladores digitales ya no vamos a tener que necesitar racks de ecualización o efectos ya que estos vienen incorporados en los propios mezcladores. De esta manera nos evitaremos el tener que cablear todos los racks y lo que esto conlleva. También resulta muy práctico el poder grabar escenas en el caso de tener que realizar trabajos de monitoraje a diferentes bandas en un mismo día en un evento o festival. Esto simplifica en número de canales del mezclador y permite que tengamos las pruebas de sonido intactas e iguales a como se realizaron para cada banda o artista.

Allen & Heat dLive

Los actuales sistemas digitales también nos permiten compartir un mismo stage box tanto para el control de monitores como para el mezclador en el control de FOH. Esto simplifica mucho el montaje y puesta en marcha de los equipos ya que nos evita el tener que extender las pesadas mangueras analógicas de antaño desde el escenario hasta el control FOH. Mediante tan solo un cable CAT de señal digital podemos obtener todos los canales de instrumentación del escenario, así como las salidas del mezclador en FOH para nuestro sistema de sonido de la P.A.

12.7.5 Sistema de P.A

Un sistema de P.A se compone de varios equipos:

- Torres para la elevación de altavoces Line Array/Trusts o estructuras.
- Sistemas de altavoces (fuente lineal/fuente puntual).
- Subwoofers.
- Cableado.
- Etapas de potencia (en el caso de sistemas de altavoces pasivos).
- Crossovers/ Procesadores.
- Manguera (cables CAT para mezcladores digitales).
- Mezclador.

Torres para la elevación de altavoces Line Array/Truss/estructuras

Las torres elevadoras deben de cumplir con las normas de seguridad vigentes, garantizando la máxima seguridad y resistencia, cumpliendo con los requisitos de ligereza, robustez y maniobrabilidad necesarios para elevar equipos de audio.

Sistemas de altavoces (Fuente lineal/fuente puntual)

Según el recinto a cubrir podemos emplear los distintos sistemas que existen en el mercado.

Existen dos tipos principales de diseños de sistemas de sonido los cuales destacan en el mercado. Estos se basan en conceptos de fuente puntual o de fuente lineal. La mayoría de las veces lo que se busca en un sistema de megafonía es:

- Tamaño.
- Peso.
- Calidad de sonido.
- Precio.
- Potencia.
- Ergonomía.

Ventajas de los altavoces de fuente puntual:

▶ **Versatilidad de tamaño e implementación:** los altavoces de fuente puntual pueden ser una excelente opción cuando se deben tener en cuenta las dimensiones, la estética y el presupuesto de un recinto a cubrir. Están disponibles en una variedad de tamaños y brindan soluciones de sistema P.A para muchos tipos de espacios. Algunos de los modelos más pequeños son portátiles y de pie, por lo que se pueden mover según sea necesario. A menudo, los altavoces de fuente puntual se pueden esconder y ponerse en marcha discretamente.

▶ **Cobertura:** los altavoces de fuente puntual logran una cobertura de patrones en función de su tamaño, y el tamaño y la forma de la bocina son principalmente el factor determinante, ya que dictan qué tan ancho o estrecho cubren las frecuencias medias y altas. Cuanto más grande sea la bocina, mejor será el control del patrón. Muchas veces, el control de patrón de los gabinetes tradicionales es todo lo que se necesita para recintos de tamaño pequeño a mediano. La experiencia de la mayoría de las personas con altavoces de fuente puntual involucra sistemas que usan gabinetes pequeños con bocinas pequeñas, pero vale la pena explorar varias opciones de tamaño.

▶ **Cobertura horizontal:** con altavoces de fuente puntual, las bocinas son capaces de controlar tanto la cobertura horizontal como la vertical. Los arreglos lineales verticales y los altavoces de columna tienden a proporcionar un buen control de la cobertura vertical, pero proporcionan una horizontal predeterminada. Según la relación de aspecto de la sala y el carácter de reverberación horizontal del espacio, los altavoces de fuente puntual pueden funcionar mejor que un arreglo lineal en este sentido.

▶ **Costos:** debido a que hay menos gabinetes individuales y cada caja contiene menos componentes, los altavoces de fuente puntual suelen ser más rentables que los arreglos en línea.

Desventajas de los altavoces de fuente puntual:

▶ **Limitaciones de baja frecuencia para el control de patrón:** los altavoces de fuente puntual son generalmente más cortos (más pequeños verticalmente) que los sistemas de arreglo en línea, por lo que su control de patrón vertical para frecuencias bajas no se extiende en frecuencia tan baja como con los sistemas de arreglo en línea.

▶ **Desafíos de arreglos:** se necesita habilidad para diseñar un buen arreglo con altavoces de doble propósito, diseñados tanto para uso individual como para arreglos. Los arreglos pueden funcionar mejor en algunas frecuencias que en otras, lo que genera lóbulos acústicos en algunas frecuencias, así como interferencias en las costuras entre los patrones de cobertura de los múltiples gabinetes. Por ejemplo, una configuración común para los altavoces de fuente puntual (llamada "de largo alcance/corto alcance") tiene un altavoz superior estrecho que se proyecta hacia la parte trasera de un recinto determinado, compacto en un altavoz inferior de cobertura más amplia para los asientos más cercanos. A menos que se diseñe teniendo en cuenta las características de ancho de haz real de cada gabinete en cada frecuencia, esto puede provocar una interferencia inesperada entre los dos altavoces. Esta es la razón por la que se recomienda un ingeniero de sonido experto a la hora de posicionar los altavoces de fuente puntual.

▼ **Distancia de alcance:** dependiendo de la profundidad y dimensiones de un recinto, a veces los altavoces de fuente puntual no pueden proyectarse hasta el área trasera, por lo que los altavoces de retardo se instalan ocasionalmente en la parte trasera para aumentar la respuesta de frecuencia de los asientos traseros. Esta disposición, sin embargo, también puede generar inconsistencias dentro del espacio de escucha, porque las frecuencias medias y bajas de los altavoces de retardo pueden envolver los gabinetes típicamente pequeños e interferir con la claridad en el frente de la sala.

Serie Torus de Martin Audio

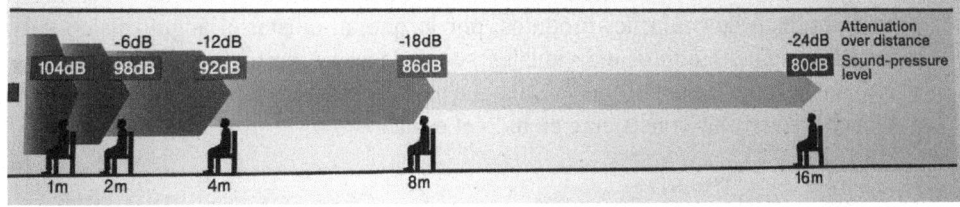

Los sistemas de fuente puntual ofrecen mayor atenuación con la distancia, es decir, la presión del sonido se atenúa en 6 dB por cada duplicación.

Por lo tanto, la presión del sonido se ve afectada en mayor medida por la distancia, lo que da como resultado un volumen excesivo frente al escenario.

Fuente lineal (Line Array)

Sistema K1 de L-Acoustics

Arreglos en línea verticales

Una matriz en línea vertical son los sistemas comúnmente empleados entorno a los conciertos de grandes dimensiones, con una larga serie de altavoces en forma de J suspendidos a ambos lados del escenario. En los últimos años, los arreglos lineales verticales (sistemas con múltiples gabinetes, cada uno con múltiples controladores) dispuestos en una configuración conectada verticalmente han ganado popularidad a la hora de sonorizar grandes eventos.

Ventajas de los arreglos en línea verticales:

▶ **Prevención de caídas con la distancia:** una gran ventaja de un sistema de arreglo en línea es que puede lograr niveles de sonido mucho más consistentes desde el frente hasta la parte posterior del área de escucha. Los arreglos en línea se componen de múltiples módulos, por lo que, al ajustar el ángulo físico y la amplitud de los módulos individuales, se puede proyectar un nivel de sonido más alto hacia la parte posterior de la sala que hacia el frente, lo que da como resultado una cobertura más consistente en todo el espacio.

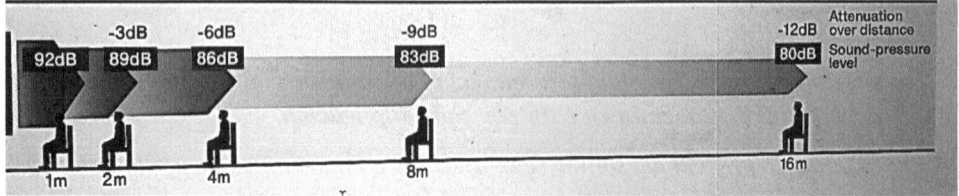

Los arreglos en línea verticales ofrecen menor atenuación con la distancia, es decir, la presión del sonido se atenúa en 3 dB por cada duplicación.

La presión del sonido no se ve afectada tanto por la distancia, por lo que el volumen frente al escenario no necesita ser excesivo.

▼ **Control de patrón vertical:** cuanto más alto sea el arreglo en línea, mejor será el control de la cobertura vertical de las bajas frecuencias emitidas por él. Esto es importante, ya que reduce la cantidad de sonido que se envía hacia el techo, lo que puede causar reflejos no deseados en las áreas de escucha. También pueden reducir la cantidad de sonido que se filtra al escenario o a áreas donde existen palcos, presbiterios o altares, lo que a su vez disminuye el nivel de sonido regenerado a través de los micrófonos abiertos en el escenario, limpiando así el sonido general y aumentando el GBF (Gain before feedback).

▼ **Capacidad de nivel de presión de sonido (SPL):** algunos sistemas de matriz en línea tienen una gran cantidad de controladores dentro de cada gabinete de la matriz, lo que permite que se produzca un solo frente de onda coherente y una interferencia constructiva resultante. Debido a todos estos controladores, los arreglos en línea a menudo tienen la capacidad de producir un SPL más alto que el requerido, lo que permite que los sistemas funcionen muy por debajo de su punto de estrés. Por lo tanto, si se requiere refuerzo de sonido a nivel de concierto o altos volúmenes, la capacidad SPL de ciertos modelos de arreglo lineal puede ser una ventaja.

▼ **Ocupan un menor espacio de carga en los camiones:** al no tener que depender de racks de etapas externas, los sistemas line array activos, ocupan un menor espacio de carga.

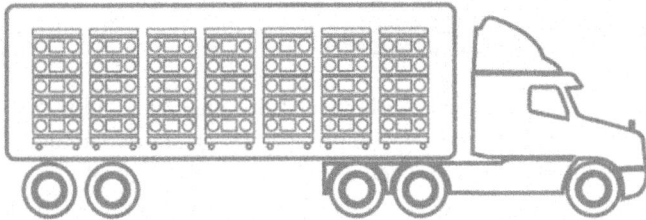

Desventajas de los arreglos en línea verticales:

▼ **Espacios poco profundos:** si bien los sistemas de matriz en línea pueden proyectar el sonido a largas distancias, es posible que no sean adecuados para espacios poco profundos. El requisito de cobertura de una sala horizontal a veces puede ser difícil de igualar con una solución de arreglo en línea vertical.

▼ **Requisito de altura:** los arreglos lineales requieren una altura vertical considerable para lograr el control del patrón. Si no hay suficiente altura para que el line array sea muy alto, se puede perder el control del patrón vertical, lo que permite que las frecuencias bajas y medias se proyecten hacia el techo y el escenario, provocando reflejos no deseados o GBF reducido en el área del escenario.

▼ **Líneas de visión:** otra consideración de altura son las líneas de visión. Es importante tener en cuenta que, según la forma de la sala, un arreglo alto puede obstruir la vista de las pantallas de video o el área del escenario.

▼ **Costes:** el precio de un arreglo lineal puede exceder los requisitos del presupuesto. Los arreglos en línea consisten en una gran cantidad de módulos con una mayor cantidad de controladores. Este puede ser un punto importante a tener en cuenta al presupuestar y diseñar un sistema de megafonía.

Subwoofers

La respuesta de la mayoría de los altavoces full range de sonido en vivo comienza a disminuir alrededor de los 50Hz, lo que lo priva de la transitoriedad total, la profundidad y la claridad de los tonos de baja frecuencia. Mediante el uso de altavoces subwoofer, el rango frecuencial puede llegar a cubrir 30Hz /20Hz o incluso un rango inferior.

Cuando se combina con un subwoofer, el cual manejará parte del espectro más bajo que suelen reproducir los altavoces full range, los sistemas principales podrán manejar niveles de presión de sonido más altos y una mayor dinámica con baja distorsión, ya que su ancho de banda de reproducción se reduce. Para lograr esto con precisión, es necesario utilizar puntos de cruce de audio (Crossovers) que son, básicamente, circuitos de filtro electrónico que dividen una señal de audio en dos o más rangos de frecuencia, de modo que las señales puedan enviarse a unidades de altavoces separadas o controladores de altavoces.

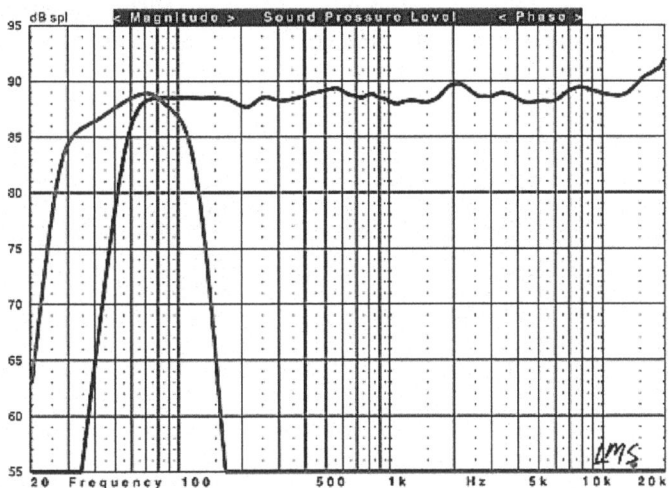

Punto de cruce de un sistema

Una reproducción fiel del contenido musical implica altas capacidades de reproducción en la dinámica, un rico contenido armónico y mucho headroom. Esta es una de las razones por las que un sistema de subwoofers se puede combinar con cualquier modelo de altavoz para agregar energía y pegada. Al hacerlo, una cuestión muy importante es asegurarse de que tanto los altavoces principales como los subwoofers compartan una frecuencia de cruce perfectamente adaptada, lo que garantiza una transición de audio fluida y coherente entre ellos. Desde un punto de vista práctico, una combinación de altavoces principales y subwoofer(s) es mucho más fácil de ubicar y mover que los grandes sistemas P.A de rango completo (Full Range).

Existen varios arreglos para configurar el sistema principal de P.A y el de los subwoofers para poder obtener distintos lóbulos de radiación y cobertura.

Arreglo de subgraves con un lóbulo de radiación polar cardioide

Dependiendo del tipo de arreglo, podemos obtener una distinta radiación en cuanto a la cobertura. Estos se obtienen mediante mediciones y softwares específicos para ello, así como un distinto posicionamiento físico de los conjuntos de subgraves.

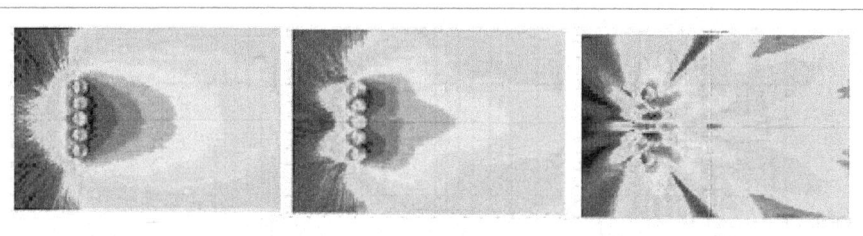

Distintos arreglos de un sistema de subwoofers

También disponemos de varios métodos para poder dirigir y sectorizar la señal de audio hacia los subwoofers. Dos de los más populares son:

Mediante el uso de un crossover (Divisor de frecuencias)

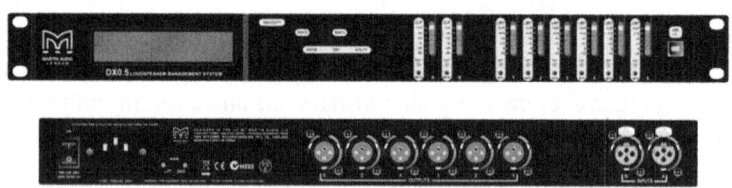

Martin DX0.5 Loudspeaker Management

El método estándar para integrar un subwoofer en un sistema de megafonía es ejecutar la salida principal de la mesa de mezclas a través de un crossover, este divide la señal en múltiples bandas de frecuencia y envía cada banda a diferentes amplificadores de potencia y altavoces pasivos. En el caso de sistemas activos de altavoz/subwoofer, la salida de la mesa de mezclas alimenta al(los) subwoofer(s) y las salidas filtradas del subwoofer de paso alto se envían al(los) altavoz(es) principal(es).

PROS:

Una vez que el sistema PA está configurado, el ingeniero de mezclas no necesita administrar los subwoofers.

CONTRAS:

Si el ingeniero de mezcla no es diligente en el uso de filtros de paso alto en canales específicos los cuales no precisan un sonido de baja frecuencia extendido para ser reproducido por subwoofers, la mezcla principal puede volverse turbia, perdiendo claridad y definición.

Mediante buses auxiliares:

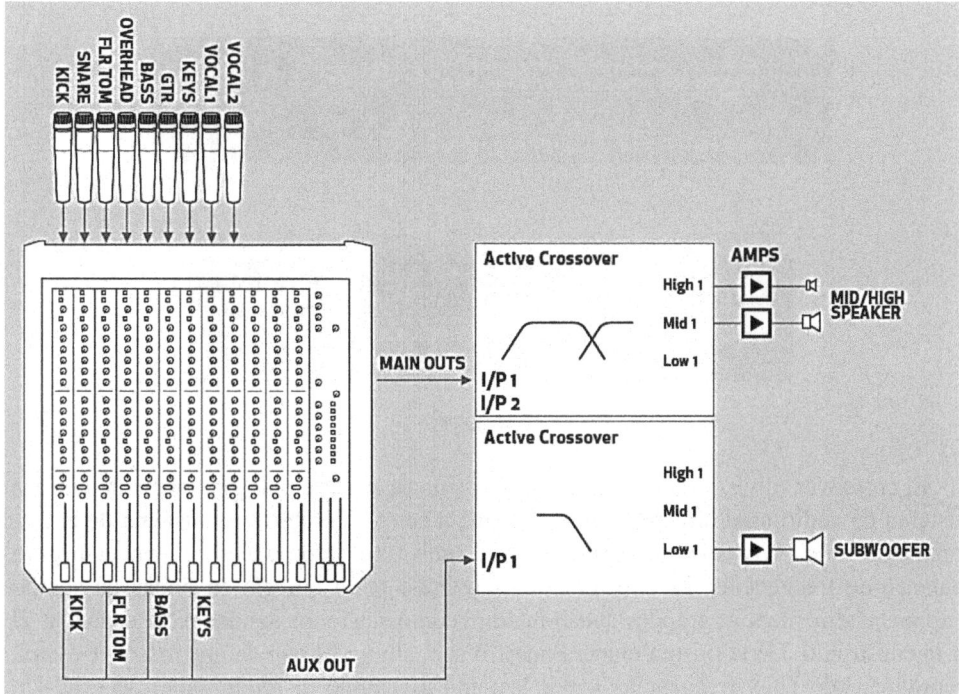

El otro método consiste en enviar una mezcla Aux (auxiliar) dedicada a los subwoofers, generalmente derivada de un envío auxiliar 'post-fader/post-EQ'. Al rutear los canales a través de esta mezcla auxiliar, cualquier cambio en la posición del fader de canal individual dará como resultado un cambio comparable en el nivel del subwoofer, como en el método de envío a un crossover. En la mayoría de los casos, esta mezcla auxiliar solo incluirá canales que contengan un contenido significativo de baja frecuencia, como sonidos de bajo, bombo, bajo electrónico, etc. La ventaja significativa de este método es que solo selecciona fuentes de sonido que necesitan un sonido adicional y de extensión a las bajas frecuencias a través de los subwoofers, lo cual evita que las turbulencias ocasionadas por las bajas frecuencias sean filtradas en la mezcla principal.

"Si bien esto no siempre aumenta notablemente el volumen de los altavoces principales, al distribuir la carga de trabajo entre los altavoces (Full range) y los subwoofers, podemos agregar un nivel sorprendente de claridad y plenitud al sonido de nuestro sistema PA".

Crossovers/ Procesadores/Divisores de frecuencia/Sistemas de gestión de megafonía

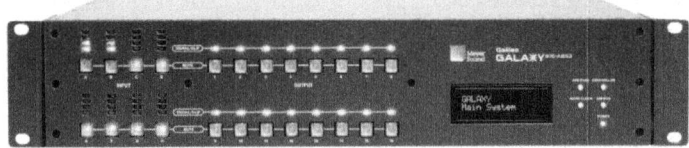

Meyer Galaxy

El crossover (divisor de frecuencias) quizás no es la parte más glamurosa de nuestro sistema de audio para directo, pero este viene a ser el "cerebro "del sistema de audio. Imagínate que el tweeter, los medios y el subwoofer reproducen y leen el mismo balance de frecuencias. El tweeter está ejerciendo tanta energía en ondas de sonido exponencialmente más grandes que él mismo, como sus tonos agudos para los cuales él está construido. De la misma manera nuestro sub, sin un filtraje de un crossover estaría reproduciendo altas frecuencias y por lo tanto afectando al rendimiento de este. Un crossover, en esencia, es una colección de filtros basados en las necesidades del sistema. Dependiendo del alcance del sistema, pueden ser un circuito simple o un dispositivo altamente personalizable. Sin embargo, cada cruce tiene que abordar un punto de cruce y las respuestas de frecuencia de los componentes dentro del sistema.

Cada cruce contiene al menos un filtro. Estos filtros determinan el rango de frecuencias que reproduce cada altavoz. Un filtro de paso alto permite enviar frecuencias altas a un tweeter, un filtro de paso bajo permite frecuencias bajas y un filtro de paso de banda permite un rango de frecuencias. La personalización de la señal es la selectividad del filtro. Cuando estos filtros se cruzan, tienen un punto de cruce. La realidad es que los filtros se atenúan (una caída en decibelios por distancia desde el corte). Dependiendo de la composición del filtro (cuántos circuitos de filtro, si es pasivo, activo o digital), la pendiente de caída puede pronunciarse o gradual (referidos en el capítulo sobre tipos de filtros). El orden del cruce se refiere tanto a la pendiente como al número de circuitos de filtro necesarios. La mayoría de los cruces de refuerzo de sonido son de segundo orden (pendiente de 12 dB/octava) o de cuarto orden (24 dB/octava). Los sistemas de salida más altos se basan en la caída más pronunciada para proteger a los controladores de alta frecuencia y que estos no sufran una degradación. Mediante un crossover también podemos realizar el ajuste del sistema de PA aplicando los correspondientes delays (retardos) entre los altavoces full range y los subgraves. Para su conexionado, se implementan en el sistema a nivel de línea antes que los amplificadores de potencia.

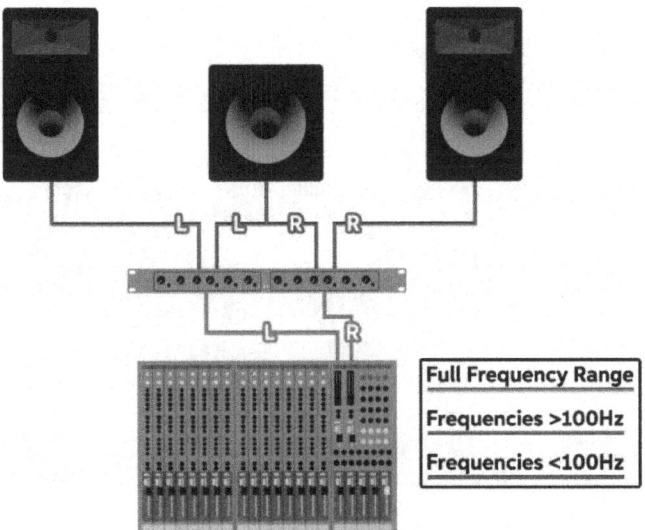

Mezcladores

Midas HD96

Ya sea analógico o digital, modesto o masivo, cada mezclador de sonido en vivo tiene un trabajo específico que el cual realizar. Este se basa en tomar la señal de múltiples fuentes, combinarlas y enviar los resultados a una o varias distintas fuentes de señal. La forma en que cada mezclador logra este objetivo puede variar, y los diseños y las capacidades difieren mucho de un mezclador a otro. Entonces, si bien las similitudes pueden superar las diferencias, es importante considerar y valorar las características las cuales podemos esperar de los mezcladores analógicos y digitales y cómo serán importantes para aplicaciones específicas.

Analógicos

Yamaha PM4000

Los mezcladores analógicos tienen menos capacidades de gestión del audio respecto a los mezcladores digitales. Pero en el rango de gama alta, estos ofrecen una mayor calidad de sonido respecto a los mezcladores digitales. Tampoco la inherente latencia la cual muchas veces aparece en algunos mezcladores digitales no es un problema con los mezcladores analógicos.

Incluso en un mundo de tecnología digital, las mesas de mezclas analógicas en vivo tienen mucho a su favor. Para empezar, tienden a costar menos que las consolas de mezclas digitales, especialmente en el punto de precio básico, e incluso un mezclador económico para sonido de directo puede manejar de manera confiable una amplia gama de aplicaciones de refuerzo de sonido. El flujo de señal, incluso en mezcladores analógicos complejos, es bastante simple, con configuraciones de entradas/salidas a los canales correspondientes. Todo el procesamiento de canales está literalmente configurado en línea entre la ganancia de entrada y el fader de salida, y ajustar los ecualizadores de los canales o ajustar los envíos es tan fácil como extender la mano y tomar el control de cualquier canal que necesites cambiar.

Muchos ingenieros de sonido de directos veteranos aprecian el plano visual que brindan todos estos controles individuales, lo que les permite evaluar y solucionar problemas de flujo de señal muy rápidamente. Así como un rápido acceso a los controles. Una vez que se llegue a comprender el funcionamiento de un mezclador analógico, nos resultará muy fácil el poder pasar a otro mezclador analógico con poca o ninguna curva de aprendizaje. Si conocemos el concepto de un mezclador analógico no deberíamos de tener demasiado problema a la hora de trabajar con un mezclador de superficie digital, salvaguardando que estos tienen todos unos diferentes interfaces.

Signal Flow-

Understanding of audio how signal is moved from the source to the audience members ears!

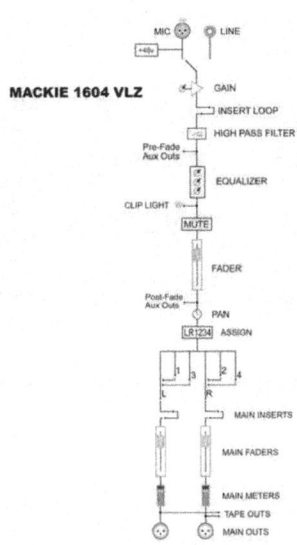

Channel strip de un mezclador analógico Mackie 1604 VLZ

Los mezcladores analógicos de sonido en vivo funcionan perfectamente para aplicaciones de refuerzo de sonido modestas e incluso a gran escala, pero sus limitaciones se hacen evidentes cuando se trata de equipos de gira y espectáculos técnicamente exigentes. Si bien el flujo de señal en un mezclador analógico es simple, también es relativamente inflexible, lo que a menudo requiere la adición de sistemas de conmutación, así como de racks de equipamiento extra. Por ello, un procesamiento de señal integrado limitado o inexistente puede significar complementar un mezclador analógico mediante voluminosos racks de compresores externos, puertas de ruido, efectos o ecualizadores gráficos/paramétricos entre algunos de los equipos hardware. Dado al peso y resultar esto ser algo muy voluminoso la necesidad de tener que emplear equipos externos puede hacer que viajar con un equipo analógico sea un inconveniente. También los mezcladores analógicos son más susceptibles a los factores ambientales, como el polvo en los potenciómetros o los faders sucios, los cuales son factores que pueden introducir ruido en el sistema de sonido.

Mezcladores digitales

Los mezcladores digitales nos ofrecen una mayor flexibilidad y capacidad de gestión del audio respecto a los mezcladores analógicos.

Podemos obtener muchas más posibilidades porque operan a través de canales digitales. Debido a que los mezcladores digitales son más configurables, son muchas las aplicaciones donde estos son la preferencia y primera elección debido a su amplia gama de opciones.

SSL Live Series

En comparación con los mezcladores analógicos, las mesas de mezclas digitales de sonido en vivo son extremadamente flexibles e increíblemente compactas. Al sustituir chips de procesamiento de señal digital en lugar de circuitos analógicos voluminosos y costosos, los mezcladores digitales pueden proporcionar ecualizadores de canal sofisticados y dinámica en línea, así como efectos y procesamiento de salida como ecualizadores gráficos. Además de ser generalmente menos ruidosa que la tecnología de mezcla analógica, la mezcla de audio digital a menudo brinda opciones de enrutamiento avanzadas y asignaciones de agrupación y matrices. Dado que las entradas no están vinculadas físicamente a canales individuales, se pueden controlar una gran cantidad de canales de entrada a través de un puñado de faders organizándolos en capas de faders.

Mixer Terminology

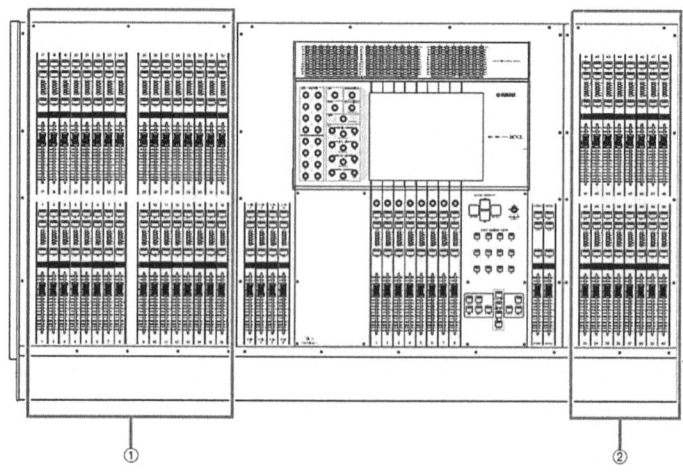

Gracias a los protocolos de audio en red como Dante, se puede expandir el equipo con cajas de conexionado de escenario digitales y sistemas de monitoreo personal. Esta es una opción en muchos mezcladores digitales, lo cual mediante funcionalidades como el control Wi-Fi pueden permitir tanto al ingeniero como a los artistas en el escenario ajustar mezclas y configuraciones desde dispositivos móviles individuales.

Parts/Sections of a Mixer

Rear Panel

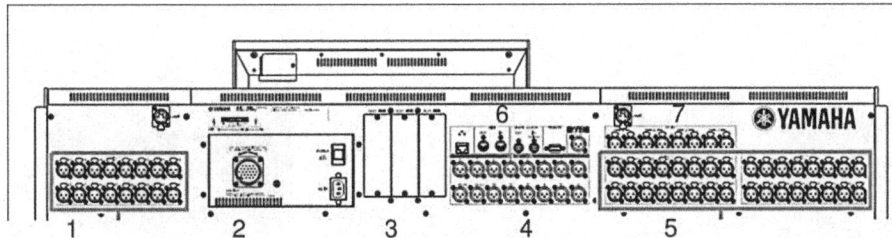

1.	Input 33-48
2.	External PSU Plug/AC In/On-Off Switch
3.	Card Slot Inputs
4.	Omni Output 1-16
5.	Input 1-32
6.	Digital I/O Section/Midi/World Clock
7.	Stereo Input

Vista trasera de un mezclador digital Yamaha M7CL

Además, la capacidad de copiar, guardar y recuperar configuraciones y escenas es sumamente interesante especialmente cuando se trabaja con los parámetros y las exigencias requeridas para una misma banda, ya que limitan su capacidad para ajustar o ver la configuración de un canal a la vez. Aunque los mezcladores digitales modernos brindan formas innovadoras de acelerar el flujo de trabajo, tener que seleccionar cada canal que desea editar puede parecer algo engorroso y limitante si no está familiarizado. Del mismo modo, los faders en capas, así como otras funcionalidades pueden requerir cierta familiaridad con cada uno de los diferentes mezcladores digitales del mercado ya que cada modelo de mezclador y fabricante poseen sus propias y distintas interfaces de usuario.

12.8 SISTEMAS DE EQUIPOS DE SONIDO ACTUALES, UN CONTINUO DESARROLLO E INNOVACIÓN POR PARTE DE LA INDUSTRIA

eMotion LV1 de waves, un sistema revolucionario en cuanto a flexibilidad e integración en los mezcladores de directo

La tecnología avanza tan rápidamente que seguro algo lo cual os lo estoy presentando como "última novedad" en estos momentos y año, es muy probable que, en muy poco tiempo, quede antiguado y desfasado, y mucho más en todo lo relacionado con equipo digital. Ya que lo que estamos pagando por este, es una continua actualización de un software mediante una tecnología muy cambiante. El cual el fabricante, periódicamente va desarrollando mejoras y funcionalidades, fabricando nuevos modelos y actualizaciones, lo cual hacen que ese equipo el cual costó una jugosa cantidad de dinero, en cuestión de en no demasiado tiempo, quede prácticamente obsoleto y sin soporte por parte de la propia compañía fabricante.

En la actualidad, bajo mi personal punto de vista, las diferencias de calidad en los productos ya no son tan "abismales" entre los fabricantes de equipos. Muchas marcas han "copiado" mucha de la logística en construcción y componentes de las grandes marcas, para entrar en el mercado con una competente gama de productos, compitiendo con las marcas "top" del mercado. Lo mismo que ocurre con los coches o muchos otros productos en el mercado, donde en la antigüedad sí que existían muchas diferencias de calidad entre marcas punteras de primera división y marcas de inferior calidad a estas. El sonido, no se escapa de tal hecho. Está claro que sigue habiendo marcas las cuales destacan del resto, por poseer un exclusivo refinamiento en la construcción y el sonido de sus productos, así como un respaldo y una logística excelente. Marcas como

D&B Audiotechnik, L-Acoustics o Adamson, en sistemas de sonido destacan por si solos respecto al resto de marcas (tan solo hay que escuchar cualquiera de sus altavoces para comprobarlo). Todos los distribuidores o comerciales exponen sus productos como si este fuera el mejor del mercado. Todos quieren hacerse un hueco en un mundo sumamente competente, con productos realmente con una muy buena relación calidad/precio, como en el caso de las compañías alemanas KS audio, TW audio o K&F (Kling & Freitag) sound systems.

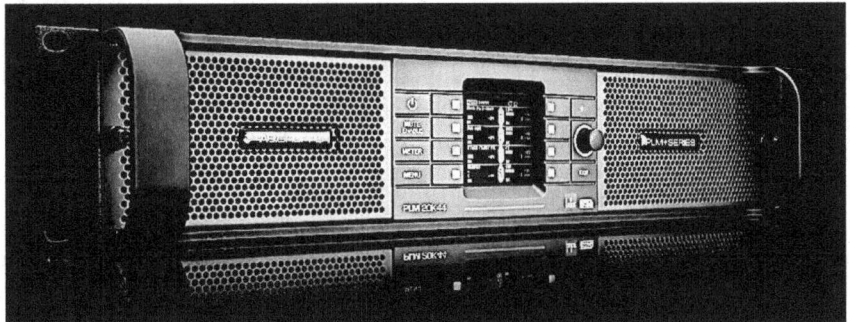

Grouppen PLM 20K44 SP 20.000watts amplifier

Como me he referido ya con anterioridad, todo es muy relativo. Podríamos tener el mejor de los equipos, pero metidos en una acústica deficiente, y este quizás no resaltaría demasiado respecto a otro de calidad algo inferior. Lo mismo si poseemos la mejor de las acústicas posibles junto a el mejor de los sistemas de megafonía y el mejor de los mezcladores y no tuviéramos a un técnico que supiera realizar una mezcla en condiciones. Nada tendría sentido en un escenario así. A mí personalmente siempre me preocupa más la acústica del recinto donde me va a tocar sonorizar el evento, que la marca la cual me han instalado o suministrado, así como la cantidad de cajas instaladas por cada lado, o si me van a parecer justos la cantidad de subgraves. Muy a pesar de lo que muchas veces nos quieran vender los fabricantes o distribuidores de equipos, evidentemente defendiendo su posicionamiento, en más de 20 años de oficio, aún no me he encontrado a nadie del púbico que se me haya dirigido a mi comentándome que ha escuchado "gaps" (pasillos) en el sistema de subs, o una pérdida de 3 o 6 db en alguna parte del área de audiencia, o cancelaciones en alguna otra parte, el día que esto suceda, posiblemente sentiré una grata satisfacción. Lo que sí que me he encontrado es a gente del público comentando sobre la mezcla, las guitarras están muy altas, o que, si los coros no suenan demasiado, así como todo lo relacionado con la parte de la mezcla y los planos de los sonidos de esta. La mayoría de la gente no va a un concierto a ver como suenan los ajustes o los comportamientos de los equipos, la gente asiste a los conciertos a disfrutar de la música de los intérpretes y de una sonorización legible. Independientemente de la marca de los equipos, dejando aparte la calidad por parte de algunos de los fabricantes punteros, ya que a estas alturas todo el mundo sabe cuáles son los 3 o 4 fabricantes de equipos que realmente destacan por encima del resto. Es decir que quizás habrá conciertos donde nos toca trabajar con un equipo de inferior calidad que otro, pero el arte de todo ello reside en hacer sonar lo que nos encontremos y ser solventes en ello. Partiendo de un equipo debidamente ajustado y optimizado, todo lo demás ya forma parte una crítica y análisis entre profesionales, ya que, para gustos, colores. Sabiendo que eso tan solo reúne un ínfimo porcentaje en la relevancia total y global del asunto.

Por lo tanto, es la suma de muchos factores lo que nos va a determinar la calidad del sonido en un concierto o evento. Remitiéndonos a que no es tanto la cocina si no el cocinero el que ofrece el resultado final. En los mezcladores digitales, aún a día de hoy, nos enfrentamos a la inherente latencia existente en la cadena de conversión de algunos de estos. Habiendo algunos mezcladores digitales que esta se ha minimizado hasta unos valores muy aceptables. Es algo aún presente en la mayoría de los mezcladores digitales y que presumiblemente va a mejorarse durante el futuro desarrollo de los equipos.

Estamos expuestos a un continuo desarrollo por parte de la industria. Los diferentes fabricantes, continuamente nos ofrecen un nuevo producto con el que satisfacer al mercado. Hace unos cuantos años atrás nadie diría que, en un futuro no muy lejano, se iba a trabajar con los altavoces volados en el aire y un mezclador digital. Por lo tanto, las tendencias van cambiando a la par del desarrollo tecnológico. Estamos viendo ya compañías que han desarrollado sistemas de line array con angulación motorizada, los cuales nos brindan el colgar las cajas directamente del carro, sin la necesidad de perder el tiempo previamente abajo colocando los respectivos pasadores y angulando las cajas. Simplemente con la ayuda de un ordenador e introducir los valores deseados, tenemos ya el equipo configurado y alineado físicamente desde la posición del control donde nos ubiquemos mediante su controlador remoto. Pudiendo tomar incluso decisiones y cambios durante el transcurso del evento. Ya que como sabéis, siempre es mejor el realizar los ajustes físicos pertinentes ante el tener que hacerlo mediante la introducción de valores en los procesadores.

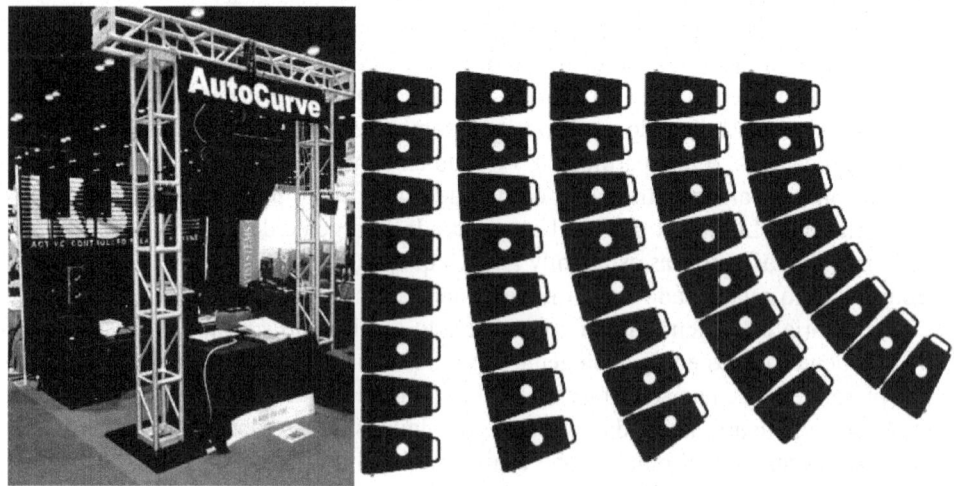

Primer Line array con curvado automatizado de ks audio

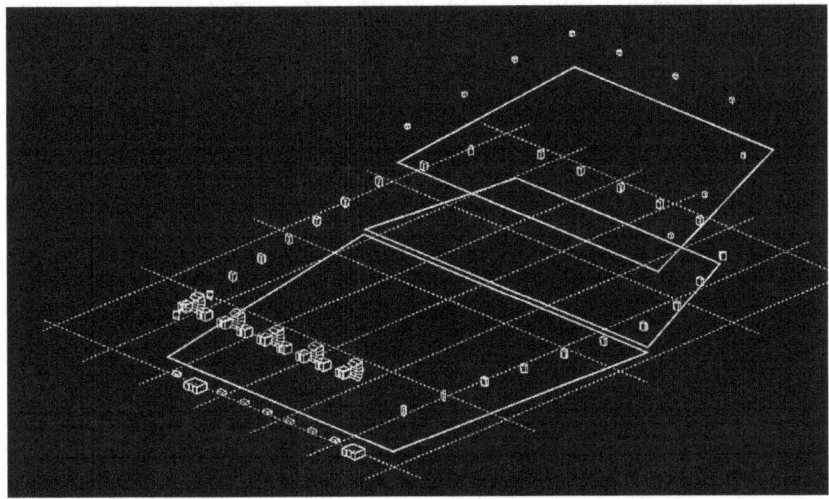

Sistema D&B En-scene

Se están creando sistemas con sonido envolvente de 360 grados emulando el posicionamiento de los músicos en el escenario como el En-Scene de D&B Audiotechnik, así como convoluciones de entornos acústicos de diferentes espacios. Otorgando un óptimo espacio sonoro y naturalidad a los recintos a sonorizar.

En-Scene de D&B es una herramienta de posicionamiento de objetos de sonido que permite la colocación individual y el movimiento de hasta 64 objetos de sonido. Representa con precisión escenarios de escenario para que cada objeto de sonido se corresponda tanto visual como acústicamente. Toda la audiencia ahora puede escuchar lo que ve y viceversa.

En-Space de D&B es una herramienta de emulación de sala en línea que crea y modifica las características de reverberación para cualquier espacio. Estas características de reverberación son emulaciones derivadas de mediciones acústicas de seis lugares de actuación de renombre internacional y convolucionados dentro del procesador de audio. Un día x, una sala de conciertos x, un salón de recitales x o una cámara x. En interiores o al aire libre. Por un día y por todos los días. Solo es cuestión de elegir.

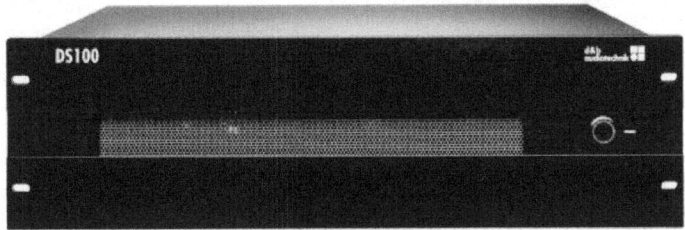

Ds100 signal engine

Las etapas de potencia inteligentes también fueron un paso más en la innovación. Con un alto rendimiento y una optimización mediante sus dsp internas, estas son auto procesadas realizando a la vez la función de crossover, limitador, compressor o delay entre algunas de sus funciones. Todo ello con un excelente sistema de refrigeración, montadas estas en reducidas unidades de rack. Pudiendo escoger las diferentes tipologías de los diferentes fabricantes de altavoces e introducir los valores de cada altavóz (presets) para poder ser estos procesados con un óptimo resultado. La firma sueca Labgrouppen ha marcado una vía en cuanto a etapas inteligentes se refiere.

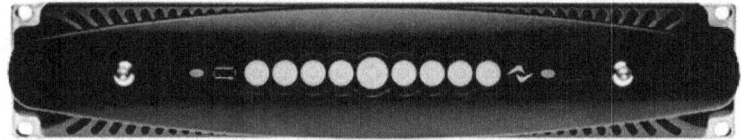

Powersoft X4

Etapas de potencia inteligente, más eficientes y de dimensiones reducidas.

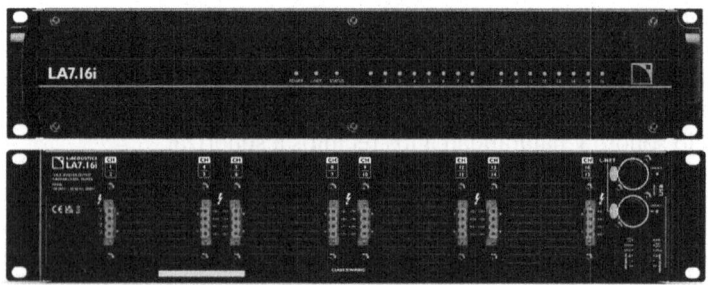

L-Acoustics LA7.16i

L-Acoustics LA7.16

Discretas interfaces y sistemas de microfonía:

DPA d: vice & discreet 4060

Existe también en la actualidad un extenso desarrollo de productos basados en dispositivos móviles. Pequeñas interfaces con conversión y previos alimentados mediante dispositivos de telefonía móvil u ordenadores. Herramientas muy útiles para periodistas, reporteros en televisión o radio por citar algunos de sus usos. Esto es un no parar y una continua búsqueda en el desarrollo de productos para renovar y cubrir el mercado. Hay muchos productos o formatos que no llegan a cuajar en la industria, quizás por estar estos demasiado "avanzados" o bien debido a que no pueden ser capaces de marcar una tendencia. Productos o formatos que realmente son de gran calidad y prácticos. Tan solo tenemos que hacer un estudio de mercado a cerca del desarrollo de equipos y formatos que se quedaron por el camino, muy a pesar de su innovación y practicidad. Hay otros en cambio, que contrariamente marcan tendencia y "cambian el precio del pan" marcando el camino donde otros fabricantes irán detrás siguiendo la senda. Como me refería un poco más arriba respecto a alguno de estos fabricantes que innovaron con algunos productos como era el caso de labGruppen con sus etapas de potencia inteligentes.

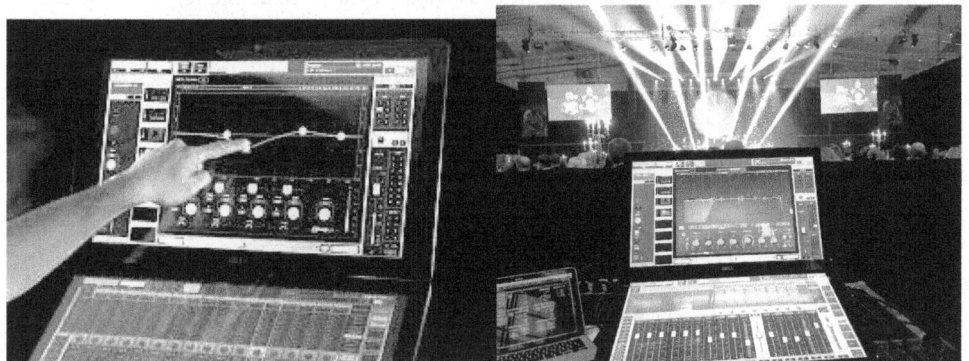

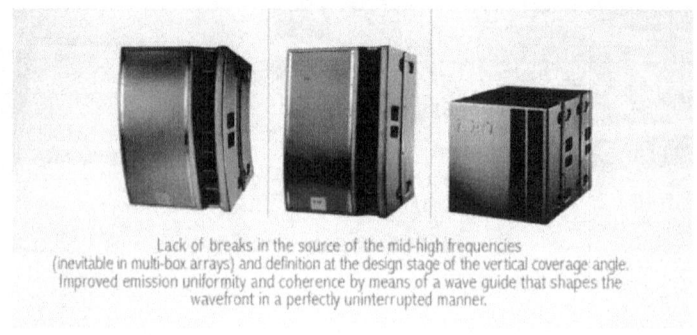

LV1 de waves, un sistema potente revolucionario en cuanto a
flexibilidad e integración en los mezcladores de directo

Cuando me refería a los equipos que "cambian el precio del pan" me refería a sistemas como el e-Motion LV1 de waves. Un concepto de sistema completo para directos. Con la ventaja de disponer siempre nuestro mismo equipo, tanto el mezclador, sonido de previos y el potencial de nuestros plugins de waves. Cuando se viaja a diferentes países y continentes, muchas veces es muy difícil el disponer de una misma superficie de mezcla. El poder transportar con nosotros mismos nuestro propio sistema, es algo que era impensable a día de hoy. Todo ello mediante un tan reducido tamaño y calidad de sonido.

Line array de curvatura constante, largo alcance y de reducido peso:

Lack of breaks in the source of the mid-high frequencies
(inevitable in multi-box arrays) and definition at the design stage of the vertical coverage angle.
Improved emission uniformity and coherence by means of a wave guide that shapes the
wavefront in a perfectly uninterrupted manner.

Sistema Modus de la compañía FBT

Sistemas line array con una densidad y gran potencia, permitiendo un "volado" más rápido en una forma más ligera y pequeña. Sistemas pensados para aligerar los montajes apilando y angulando altavoces proporcionando una mayor consistencia y mínima escucha en la transición y disrupciones entre los altavoces de un line array.

L SERIES

THE SOUND. THE SHAPE. THE FUTURE.

L-Acoustics L series

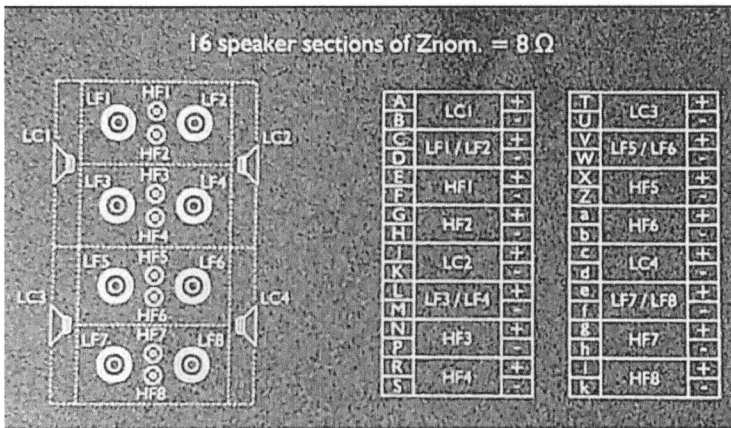

Line Arrays Verticales/Horizontales

FBT Horizon VHA

Mini Line Arrays

Mini line array Vento Bonsai de w&db

Altavoces Line Array mediante tecnología Pro-Ribbbon

Alcons LR18 pro-ribbon line-array

Se ha conseguido llevar las plataformas de los estudios de grabación al mundo de los directos, para los que llevan años en el estudio de grabación, quizás no venga de nuevo, pero en el mundo de los directos, es una total revolución.

El ser selectivos para el tipo de actividad que estemos desarrollando, y adecuar nuestro equipo en base a la envergadura y flujo de trabajo. Adquiriendo lo que realmente es necesario, siendo un poco cautelosos con todos los nuevos productos que se lanzan al mercado, hasta que estos no estén lo suficientemente rodados y probados. De esta manera ahorraremos en dinero y posibles "quebraderos de cabeza".

Lawo mc²56 mixer

Previos controlables vía control remoto

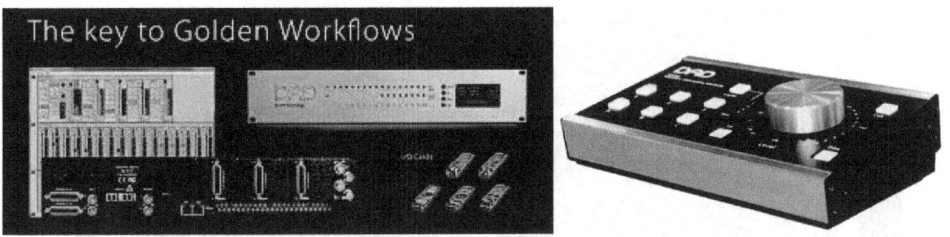

DAD AX32 AD/DA Converter & Digital Audio Matrix and MOM monitor control

Millenia HV-3R Eight Channel Remote Mic Preamplifier

Previos de reducidas dimensiones

Simpleway audio MP mini

Sistemas inalámbricos de mezcla mediante señal WIFI

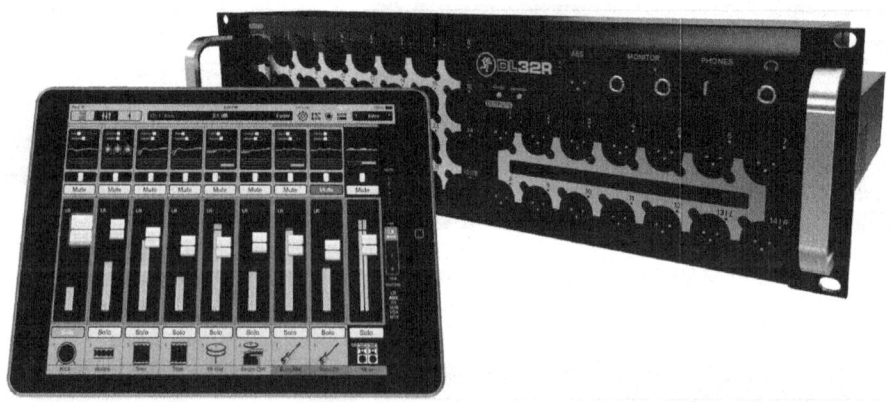

Mackie DL32R

Uno de los últimos desarrollos por parte de los fabricantes han sido los dispositivos de inalámbricos. Esto permite posicionar las cajas/patches de conexionado en el escenario y mediante una tablet o dispositivo móvil, poder realizar las pertinentes pruebas de sonido y mezcla del audio en cualquier parte de una sala o recinto. Estos resultan muy útiles cuando los controles de sonido deban de permanecer ocultos o estos se encuentren ubicados en una no óptima posición para poder realizar una sonorización. Muchos de ellos permiten expandir el sistema y por lo tanto el ampliar su número de conexiones.

12.9 LA INCURSIÓN EN EL MUNDO LABORAL

Una vez terminada nuestra formación académica o universitaria llega la hora de enfrentarnos a la realidad y poner en práctica todo aquello que hemos estudiado y visto en las pertinentes prácticas del instituto.

Debemos de pensar que somos noveles en el oficio y por lo tanto no somos del todo operativos para realizar el total de las funciones que realizan los profesionales.

Muchos institutos llevan al alumnado a realizar prácticas en algunas salas de conciertos o empresas de sonido. Esto es algo muy positivo de cara a tener contacto con los equipos y el factor humano entre el personal técnico y las bandas o artistas.

Si poseemos ya alguna experiencia, podemos acercarnos a alguna empresa de sonido y llevar nuestro CV, este puede ser un buen primer paso para nuestro inicio. También si conocemos a algún conocido profesional, quizás él pueda ayudarnos e introducirnos en alguna de las empresas donde él trabaja. Comenta tus aptitudes y actitud, las ganas de aprender y todo aquello que puedes aportar a la empresa. Valora todo aquello de donde puedas obtener experiencia. Muchas veces quizás no vamos a realizar labores que no son totalmente de nuestro agrado, pero todas estas van a contribuir a obtener experiencia y bagaje profesional.

Al principio es muy probable que cobremos bastante menos respecto a un profesional establecido, prepárate para realizar labores como preparar el material y los equipos de sonido en el almacén, cargar camiones con estos y realizar labores de mantenimiento.

También podemos dirigirnos a una sala de conciertos o club y presentarnos como aprendices e intentar aprender y colaborar con el técnico residente de la sala. Otra buena opción es presentarnos ante alguna banda local la cual requiera la labor de un técnico de sonido. Debes estar siempre dispuesto y abierto de mente para cualquier oportunidad que se te pueda presentar, así como mostrar tus habilidades en el caso de que domines la posición como técnico de mezcla.

Otra opción es acudir a un mentor en el caso de que conozcamos a algún conocido. Aprender y dejarnos guiar por su experiencia.

Portales como Linkedin, InfoJobs y otras webs de bolsa de trabajo a través de internet también suelen funcionar. Ya que muchas veces y mayoritariamente en temporada de verano la demanda de profesionales del sector del espectáculo es bastante alta. En ellas especifican y concretan el perfil que buscan y la posición a cubrir, así como las condiciones laborales etc. Posteriormente y tras haber pasado la previa selección como candidato ellos se encargan de especificar más profundamente sobre la posición, las condiciones laborales y las vacantes a cubrir.

12.9.1 Nuestro currículum vitae

Hasta aproximadamente principios del año 2.000 el mundo del sonido en directo ha sido autodidacta. Los profesionales del sector realizaban sus incursiones sin poseer formación alguna. Años de trabajo y experiencia en el gremio eran las validaciones y acreditaciones de cada profesional.

A día de hoy, la experiencia es la que prevalece, ya que no sirve de nada haber realizado una carrera o unos estudios y no haber pasado posteriormente por una formación laboral para nuestro aprendizaje.

Las empresas lo que más valoran a la hora de seleccionar a un profesional es su experiencia laboral, la formación o estudios son valorados como segundo plano o complementarios, pero no es lo relevante a la hora de seleccionar a los candidatos. Ya que *el sector del audio profesional es una profesión la cual requiere de años de experiencia en la práctica.*

A la hora de elaborar nuestro currículo resulta primordial el exponer toda nuestra experiencia laboral en el sector, así como el nombre de las empresas y el tiempo el cual hemos estado trabajando en ellas, así como las fechas comprendidas. De la misma manera incluir toda nuestra experiencia académica (en el caso de poseer esta). El estar siempre actualizado es algo básico y necesario.

12.9.2 Salarios/condiciones del sector

Aunque parezca mentira, a día de hoy, no existe una regularización salarial para muchas de las posiciones profesionales del gremio del sonido en directo. Este sigue siendo un sector algo "anárquico" en cuanto a la estipulación salarial. Ya que muchas veces esto se establece totalmente de manera individual.

Cuando es una empresa de renting la que solicita nuestros servicios, esta suele tener ya unos precios por "bolo" especificados en base a la magnitud del evento o los trabajos de sonorización a realizar. De la misma manera que si entramos en plantilla, será la empresa la que realizará un tipo de contrato y oferta en base a la experiencia y la posición del profesional.

Cuando nos ofrecen un contrato a través de una empresa, esta suele ofrecer un salario promedio mensual el cual (en el caso de que esto requiera de un desplazamiento de domicilio) incluye vivienda, transporte y otros beneficios. Como me refería con anterioridad, los salarios de los ingenieros de sonido varían drásticamente según la experiencia, las habilidades, el género o la ubicación. En cuanto al ingeniero de mezcla "freelance" al ser este un trabajo con una combinación de lo artístico y lo técnico, cada profesional tiene su propio caché de la misma manera que lo tienen los músicos o artistas. Estos normalmente están basados en la experiencia o los créditos en el bagaje profesional de cada cual. No existiendo salarios establecidos ya que todo resulta ser algo "subjetivo" e intangible. Será cuestión nuestra el aceptar las distintas condiciones y honorarios que nos ofrezcan las empresas del sector y valorar cual es la que más nos conviene según la posibilidad de desarrollo laboral, mejora salarial y condiciones que estas ofrezcan de cara al futuro en el caso de permanencia en una determinada empresa. La realidad es que en cuanto a los trabajos de gran envergadura y más cuando se trabaja en una empresa del sector de alquiler de sonido, se suelen realizar jornadas laborales muy extensas. Aunque pueda parecer muy suculento el cobrar por precio de bolo/ día de trabajo, muchas veces si sumamos las horas de trabajo se pude ver fácilmente como en cualquier trabajo sin cualificar se cobra más dinero que en el sector del audio para los directos. Contrariamente si trabajamos como profesional especializado en la mezcla y en el caso de que estemos de gira con artistas de renombre se puede llegar a cobrar bastante bien y tener una jornada laboral por día limitada a la duración del show del artista o banda con la que trabajemos. Como veis los salarios entre las distintas especialidades del gremio resultan ser algo dispares aún a día de hoy.

Recuerda está en las manos del profesional el aceptar las condiciones laborales y salariales. Si estas no cumplen con unos mínimos básicos en cuanto a condiciones y salario, queda bajo nuestra propia responsabilidad el aceptarlas.

12.9.3 Tipos de contrato y formatos de facturación

Al prestar nuestros servicios como profesionales, podemos encontrar varias vías u opciones a la hora de facturar. Todo ello muchas veces viene supeditado a los intereses de la compañía con la cual vamos a trabajar. Si vamos a contratar una compañía de sonido, normalmente podemos encontrar las siguientes maneras o formalidades a la hora de formalizar los contratos.

Todas las opciones tienen una serie de ventajas y desventajas. Vamos a ver a continuación algunas de ellas:

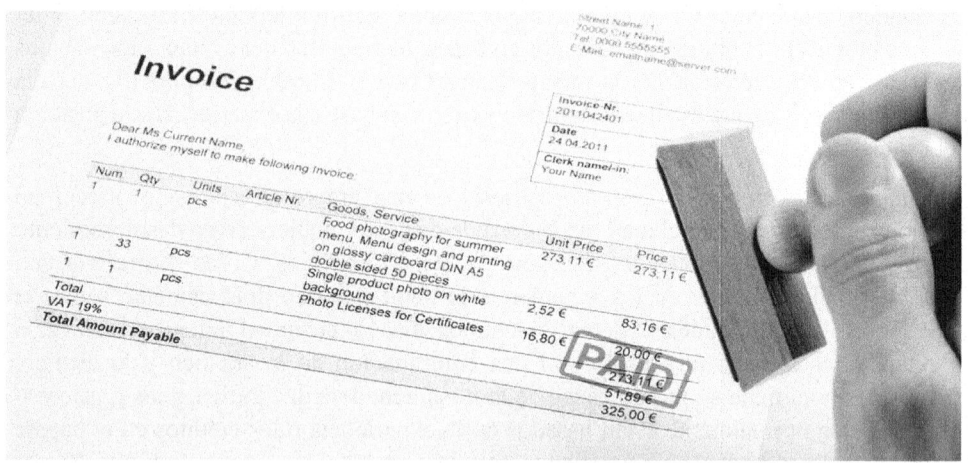

Contrato por temporada o tiempo indefinido en la compañía

Pros:

- Nos ofrece seguridad/estabilidad económica y de ingresos fijos durante la temporada de eventos.

- Si entramos como aprendices, puede darnos opción a mejorar nuestra posición como profesionales dentro de la compañía.

- Nos hace más operativos dentro de una misma compañía ya que tenemos la opción de trabajar siempre con un mismo equipo y sistema de audio, así como el mismo personal humano de la compañía.

Contras:

- Nos supedita a permanecer durante el tiempo del contrato bajo una misma empresa sin tener opción a poder realizar trabajos en otra compañía, la cual nos ofrezca mejores condiciones o mayor retribución económica.

Contrato esporádico por evento con alta/baja por cada servicio

Pros:

- Nos ofrece la posibilidad de poder alternar y trabajar en otras compañías de sonido sin la obligación de tener que estar supeditados a una misma compañía.

- Podemos mejorar nuestras aptitudes y conocimientos a poder trabajar con otras empresas del sector, así como diferentes sistemas de sonido y personal técnico de otras empresas sin estar limitados a un mismo entorno de trabajo y equipo.

Contrato como freelance o autónomo (facturamos nosotros a la compañía por cada servicio prestado).

Pros:

- Podemos trabajar con diversas empresas del sector sin estar comprometidos a una misma compañía.

- Libertad para poder escoger la compañía con mejores condiciones laborales y económicas.

- Los honorarios suelen ser más altos respectos a si estamos contratados por las empresas.

Contras:

- Menos estabilidad tanto económica como laboral.

- Los gastos y devengos de la seguridad social e IRPF o cualquier otro impuesto o deducción corren a nuestra cuenta.

- Cuota de autónomo en el caso de que debamos de darnos de alta como tal.

Como persona física

Pros:

- No estamos obligados a darnos de alta como autónomos.

- Disponemos de la misma libertad y selección de los trabajos de la misma manera que siendo autónomos.

Contras:

- Disponemos de un limitado importe anual para facturar.

- Debemos de inscribirnos en el censo de empresarios profesionales y retenedores a través del modelo 036.

12.9.4 Otros sistemas de facturación

Mediante una cooperativa o sociedad mercantil

En este caso seremos socios de la empresa y trabajadores de esta. Dependiendo del porcentaje de participación deberemos estar en el régimen de autónomos a pesar de que la sociedad pague nuestra nómina. A nivel fiscal, los beneficios de la sociedad tributan bajo impuesto sobre sociedades por lo tanto la cantidad que recibamos figuraran como rendimiento de trabajo en lo correspondiente a su nómina, así como el rendimiento del capital mobiliario respecto a los dividendos que se perciba por parte de la empresa.

Mediante una asociación cultural

Crear una asociación cultural puede ser una alternativa a la hora de la facturación de conciertos o actividades económicas, ya que bajo esta podemos emitir facturas exentas de IVA. El artículo 20.1.14 de la ley del IVA establece que están exentas de IVA cuando las actividades son prestadas por entidades o establecimientos culturales privados de carácter social como pueden ser: representaciones musicales, audiovisuales, obras teatrales o coreográficas.

12.9.5 Requisitos en los formatos de facturación

Dejando aparte las pertinentes retenciones de IVA (en el caso que se deba aplicar este) se deben de aplicar una serie de requisitos a la hora de emitir las facturas para que estas sean validas según el decreto, reglamento y regulaciones de facturación correspondientes al gremio o sector:

▼ Numeración según correlación de las facturas.

▼ Fecha de expedición.

▼ Nombres y apellidos.

▼ Razón social completa o denominación social del emisor de la factura.

▼ Nombre y apellidos o razón social completa.

▼ Número de identificación fiscal asignado por la administración tributaria española o al correspondiente estado miembro comunitario de la UE al que vamos a emitir la factura.

▼ Descripción de la operación o actividad correspondiente a nuestros servicios prestados.

▼ Importe de los servicios prestados incluyendo el precio unitario sin el IVA, así como cualquier posible descuento o reducción excluidos del precio unitario.

▼ Tipo impositivo aplicable.

▼ Cuota de IVA.

▼ Si la factura está exenta de IVA, indicar el artículo de la ley del IVA en virtud de la cual está exenta.

Por ejemplo, si poseemos una entidad cultural y esta está exenta de IVA deberemos mencionar: operación exenta en virtud del artículo 20.1.14 de la ley 37/1992, de 28 de diciembre, del impuesto sobre el valor añadido.

NOMBRE Y APELLIDOS DEL EMISOR / EMPRESA
Dirección postal
Teléfonos de contacto
Correo electrónico – Página web
NIF/CIF de la persona o empresa

NOMBRE Y APELLIDOS DEL EMISOR / EMPRESA
Dirección postal
Teléfonos de contacto
Correo electrónico – Página web
NIF/CIF de la persona o empresa

Fecha de emisión de la factura
Número de factura

CONCEPTO	UNIDAD	PRECIO	IMPORTE
Especificar las características del servicio prestado	00	00,00 €	00,00 €
		Base imponible	00,00 €
		IVA (00 %)	00,00 €
		IRPF (00 €)	00,00 €
		TOTAL	**00,00 €**

Fecha de vencimiento
Forma de pago
Número de cuenta

Ejemplo de factura

ⓘ **NOTA**

El contenido e información de este artículo es orientativo ya que algunas leyes pueden cambiar durante el transcurso del tiempo. Es altamente recomendable el acudir a un asesoramiento cualificado.

12.9.6 Situación actual del gremio

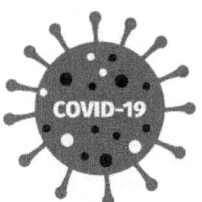

La industria y comunidad global del audio, así como la del espectáculo en general, siempre ha tenido que reinventarse a través de los diferentes cambios y sucesos transcurridos a lo largo del tiempo. En el año 2020 se vivió una crisis humanitaria inaudita para muchas de las actuales generaciones.

A pesar de que resulta impredecible lo que va a suceder en los próximos años, lo que sí es seguro es que la pandemia del Covid 19 va a cambiar muchas de las antiguas y actuales normativas y medidas para abordar los distintos trabajos. Las empresas van a establecer cada vez más MDI (modern digital infrastructure), mediante video llamadas de encuentros virtuales tanto para el personal como a los clientes. La digitalización de nuestro entorno en nuestras vidas y como medio de comunicación va a ser cada vez mayor. El teletrabajo se va a imponer cada vez más, reduciendo de esta manera la densidad y el contacto entre el personal en las empresas, y una serie de protocolos y medidas higiénicas van a adoptarse en el entorno de las producciones de los distintos eventos. Diversos cursos de PRL (Prevención de riesgos laborales) van a ser necesarios para cualquier operador de sonido, ya que la nueva situación lo va a requerir. Como alternativa, cada vez más, los seminarios se están realizando telemáticamente mediante webinars online y los músicos están realizando sus actuaciones en sus casas mediante distintas plataformas como Stagelt o Instagram Live entre algunas de ellas.

Aunque parezca mentira, a día de hoy en pleno año 2023, nuestro gremio sigue siendo un sector desamparado y sin estar reconocido por un convenio de trabajo regulado y normalizado por el gobierno. Por lo que, a día de hoy, seguimos exigiendo y luchando por unos derechos y condiciones de trabajo dignas y reguladas. Es por ello, que la unidad y la solidaridad entre la comunidad global del audio va a ser más necesaria que nunca, para que juntos podamos superar y establecernos hacia la construcción de una nueva etapa en el sector mejor y más justa, así como una nueva oportunidad para la humanidad, para poder construir un futuro de sociedad, con unos cimientos más sólidos que aquellos que poseíamos en el pasado.

Plataformas, sindicatos y asociaciones estatales de técnicos del espectáculo:

PEATE   TACE

TECNICAT   TEKNIKARIOK INDIKATUA

A.R.T.E

TERMINOLOGÍA COMÚN EMPLEADA EN EL SONIDO PARA DIRECTOS

- **Absorción:** En términos acústicos, la absorción es recibir una onda de sonido "seca" sin reverberación ni reflexión.

- **Acople (Feedback):** Definido como un bucle de señal en mediante el retorno de parte de la salida a la entrada de un sistema.

- **Activo:** Aparato que requiere alimentación para poder operar.

- **Acoustic mirror:** Efecto producido por el rebote en una superficie como pueden ser determinados suelos.

- **A/D:** Dispositivo capaz de convertir una señal analógica a digital.

- **All pass filter:** Estos son filtros que tienen lo que llamamos una respuesta de frecuencia plana; no enfatizan ni desestiman ninguna parte del espectro.

- **Ambiente:** Acústica de un recinto o reverberación natural.

- **Amplitud:** Magnitud de la fuerza de una señal.

- **Ancho de banda:** El ancho de banda se define como un intervalo de frecuencia: la diferencia entre una frecuencia alta y una frecuencia más baja.

- **Armónico:** La mayoría de los sonidos se componen de una combinación de una nota fundamental y varios múltiplos integrales, llamados "armónicos".

- **Apertura:** Grados de radiación/dispersión que emite una fuente sonora.

- **Biamplificación:** Un proceso de diseño del sistema de sonido mediante el cual los amplificadores se colocan en el sistema de sonido después del crossover, un canal para las frecuencias bajas y uno para las altas.

- **Bobina móvil:** Como parte de la construcción de un componente de altavoz dinámico, la bobina móvil es un devanado de alambre delgado enrollado alrededor de un cilindro que se fija al diafragma del altavoz.

- **"Bolo":** Concierto, acto, evento o sonorización.

- **Campo libre:** Un altavoz u otra fuente de sonido los cuales funcionan en un entorno en el que no hay superficies reflectantes alrededor de la fuente.

- **Capacitancia:** La capacitancia ocurre entre los dos conductores del cable. Las pérdidas resultantes se denominan "pérdidas dieléctricas" o "absorción dieléctrica. Cuanto mayor es la frecuencia, mayor es la reactancia causada por la capacitancia y mayor es la pérdida de señal.

- **"Capar": 1-** Terminología empleada entre personal técnico para referirse a filtrar un determinado rango de frecuencias. 2- Cortar un micrófono /canal o apagar un sistema.

- **Cápsula:** Elemento transductor en un micrófono que contiene la estructura mecánica para convertir las ondas de presión acústica del sonido en corriente eléctrica.

- **Carga:** Referida a la potencia o electricidad que pueden soportar los equipos/ cableado.

- **Cardioide:** Patrón polar de captación en un micrófono y de radiación en un micrófono o altavoz.

- **"Cera":** Terminología para referirse al volumen.

- **"Chicha":** Otra terminología para volumen.

- **Clipar:** véase "Clipping".

- **Clúster:** Agrupación de altavoces.

- **Clipping:** Distorsión como resultado del corte de la parte superior de una forma de onda digital causada por una señal que sobrecarga una etapa de ganancia de un dispositivo digital.

- **Coherencia:** Definida libremente, la coherencia es una medida estadística que indica la contaminación de la medición.

- **Comb Filter:** Véase "efecto peine".

- **Coupling:** En electrónica, "acoplamiento" se refiere a formas de conectar circuitos o subsistemas de circuitos entre sí. En acústica, "acoplamiento" se refiere a la interacción de dos sistemas de altavoces separados y su interferencia constructiva resultante, donde las ondas de sonido de una frecuencia y fase particulares pueden reforzarse unos a otros.

- **Crosstalk:** Se refiere a cualquier fuga no deseada entre dos canales.

- **Crossover:** Sistema de filtraje y división de frecuencias, el cual permite sectorizar las diferentes bandas del espectro del audio para su posterior individual amplificación.

- **Cuñas:** Monitores de suelo de referencia para los músicos.

- **Curvas Fletcher-Munson:** Dos investigadores de los Laboratorios Bell, uno llamado Fletcher y el otro Munson, fueron los primeros en medir y trazar con precisión un conjunto de curvas gráficas que ilustran la forma en que el oído humano responde a la frecuencia y al volumen.

- **Cut off frecuency:** En un filtro, la frecuencia de corte se refiere a la frecuencia a la que la señal de audio cae en 3dB (la mitad del punto de potencia) desde su valor máximo de 0dB. Más allá de esta frecuencia de corte, el filtro atenuará todas las demás frecuencias.

- **DAW:** Es la abreviación del término "Digital audio Workstation".

- **DCA:** También llamado "DA Converter;" abreviatura de "Digital-Analog Converter" y abreviado "DAC". Un dispositivo electrónico que convierte un flujo de datos binarios digitales en una señal de audio analógica, haciendo exactamente lo contrario de un convertidor A/D.

- **Decay time:** Este es el tiempo que tarda el nivel de presión acústica de los reflejos de la habitación (reverberación) en caer en el nivel de SPL en 60 dB desde su intensidad original. A menudo llamado "tiempo de reverberación", y abreviado RT (Reverb Time).

- **Delay:** Un tipo de dispositivo de procesamiento de señal de audio utilizado para retrasar una o más salidas en una cantidad definida por el usuario.

- **Diafragma:** Este es el elemento físico y móvil de una cápsula de micrófono que convierte la energía física de las ondas sonoras en energía mecánica física (el cual posteriormente se convierte en energía eléctrica en la cápsula del micrófono).

- **Difracción:** La forma en que el sonido puede envolver a los obstáculos. El altavoz en sí mismo actúa como un obstáculo y proyecta una sombra en su parte posterior de modo que solo las notas graves más largas se difractan allí. La cantidad de flexión será proporcional a la longitud de onda.

- **Dinámica:** En el mundo del audio, esta se refiere a la variación en el nivel (volumen) en la señal de audio, y cuando una parte o pasaje musical o instrumento como una voz o un bajo pasa de un volumen bajo a un nivel de volumen alto.

- **Directividad:** En un sistema de altavoces, la directividad es una indicación proporcional sobre la radiación de la direccionalidad de un altavoz.

- **Directividad constante:** Se refiere a un tipo de diseño de altavoz en el que el sonido reproducido no se vuelve más direccional a medida que aumenta la frecuencia.

- **Dispersión:–O** "ángulo de dispersión". El ángulo de cobertura efectiva para el sonido irradiado desde un altavoz, definido como el ángulo incluido delimitado por los puntos en los que el nivel SPL del altavoz cae 6 decibelios desde su respuesta en el eje.

- **Distorsión:** En lo que al sonido se refiere, esta es un efecto indeseable y audible, generalmente debido a la sobrecarga de uno o más componentes, lo cual origina un sonido "sucio".

- **Distorsión de Intermodulación:** La distorsión de intermodulación puede ocurrir cuando dos o más señales se mezclan a través de un dispositivo amplificador no lineal. Cada uno de los tonos interactúa entre sí, produciendo amplitudes alteradas (o moduladas). Esto da como resultado la formación de frecuencias (a menudo denominadas "bandas laterales") no presentes en la señal original.

- **Divisor de frecuencias:** Véase Crossover.

- **Driver:** Transductor de un altavoz.

- **Echo:** En el campo del Sonido o la música: una o varias repeticiones distintas de un sonido. Se puede aplicar a un procesador de audio diseñado para recrear digitalmente este efecto.

- **En** la acústica: una o varias repeticiones distintas de un sonido creado por reflejos y la naturaleza acústica de un espacio determinado.

- **Efecto enmascaramiento:** El fenómeno que impide que el oído escuche sonidos más suaves debajo de los tonos fuertes los cuales generalmente tiene mayor amplitud/ nivel.

- **Efecto Hass:** El efecto Haas es un fenómeno psicoacústico, también conocido como el "efecto de precedencia", la ley establece que cuando un sonido es seguido por otro con un tiempo de retraso de aproximadamente 40 ms o menos (debajo del umbral de eco de los humanos), los dos se perciben como un solo sonido.

- **Efecto peine** (Comb Filter): Cuando se usa un sistema de altavoces múltiples, la interacción entre las cajas de altavoces (con un programa similar) creará un filtro de peine en el área de escucha, debido a las diferencias de tiempo de llegada de las señales de cada uno de los altavoces.

- **Efecto de proximidad**: El efecto de proximidad es un cambio en la respuesta de frecuencia de un micrófono de patrón direccional que resulta en un énfasis en las frecuencias más bajas.

- **EMI:** Interferencia electromagnética.

- **Estructura de ganancia:** Se refiere a un nivel óptimo en la interconexión de muchos componentes del equipo de audio que se usan juntos en un sistema, y cuánta amplificación (aumento en el nivel de señal de audio) o atenuación (disminución en el nivel de señal de audio) se realiza mediante qué componentes.

- **Factor Damping:** Esta consiste en la amortiguación. Es una medida de la capacidad de un amplificador de potencia de audio para controlar el movimiento de retroalimentación del altavoz una vez que la señal se disipa.

- **Feedback:** Véase acople.

- **Fidelidad:** Termino subjetivo a cerca de la calidad de la respuesta en frecuencia en cuanto a la calidad de un sistema.

- **Filtro:** Este es un circuito electrónico que transmite señales de CA (corriente alterna) de algunas frecuencias y atenúa a otras.

- **FIR filter:** El término abreviatura FIR es "Respuesta de impulso finito" y es uno de los dos tipos principales de filtros digitales utilizados en aplicaciones DSP. Un filtro

FIR: Es un filtro sin retroalimentación en su ecuación. Lo cual hace que un filtro FIR sea inherentemente estable.

- **Flat:** Término de audio utilizado para describir una respuesta de frecuencia uniforme, llamada así porque un gráfico visual de respuesta de frecuencia que incluso se ve plano, sin picos ni valles.

- **FOH:** Abreviatura "Front of house" (Frente de casa). Generalmente referenciado a la posición de mezcla para espectáculos en vivo. Se refiere al posicionamiento del control respecto a un escenario en un auditorio, teatro o espectáculo.

- **Frammel:** Tira de madera colocada entre los gabinetes de altavoces cuando dos o más altavoces están dispuestos en una matriz para separarlos o inclinarlos para reducir la interferencia de fase entre los gabinetes.

- **Free Field:** Véase campo libre.

- **Frecuencia de corte:** Véase cut off frequency.

- **Fuente puntual:** Altavoz el cual irradia sonido en un patrón esférico. Presentando un menor alcance respecto a un sistema de fuente lineal.

- **Fuente lineal:** Un sistema PA de arreglo lineal presenta una cantidad de altavoces idénticos (o casi idénticos) dispuestos en una línea vertical.

- **Full Range:** Este es un altavoz es capaz de reproducir todas, o la mayoría, de las frecuencias de audio que los humanos son capaces de escuchar, sin la necesidad de altavoces dedicados adicionales.

- **Fundamental:** La fundamental es la frecuencia inicial del tono raíz que comprende un sonido.

- **Gain:** Definido como la cantidad la cual un circuito electrónico amplifica una señal.

- **Gain before feedback (GBF):** Un término dado a la cantidad de margen o espacio libre que tiene un sistema o subsistema de refuerzo de sonido antes de que el nivel de salida sea lo suficientemente grande como para introducir retroalimentación.

- **Gain structure:** Véase estructura de ganancia.

- **Gap:** Véase pasillo.

- **Gradiente:** En cuanto al sonido, referido a la magnitud o presión concentrada observada través de un punto o momento hacia otro (lóbulo de radiación).

- **Grazing Effect:** La forma en que el público absorbe el sonido.

- **Group delay:** Una característica intrínseca de los componentes electrónicos que hace que diferentes frecuencias se retrasen en diferentes cantidades.

- **Headroom:** Es la relación de la cantidad máxima de señal no distorsionada que un sistema puede manejar en comparación con el nivel promedio para el que está diseñado el sistema (cuando se mide en decibelios).

- **IIR filter:** La respuesta de impulso infinito es un tipo de filtro digital que se utiliza en aplicaciones de procesamiento de señal digital.

- **IC (Integrated circuit):** Circuito integrado.

- **IEMS:** In Ear Monitor System.

- **Imagen:** En el refuerzo de sonido, la imagen se refiere a la capacidad humana de localizar una fuente de sonido específico en un espacio concreto o dentro de una imagen estéreo o multicanal.

- **Impedancia:** Se refiere a la resistencia de un circuito o dispositivo a la corriente alterna. Si bien la resistencia se mide en referencia a la corriente continua, debido a la naturaleza sinusoidal de la corriente alterna, la resistencia se combina con la reactancia compleja para proporcionar la impedancia.

- **In-Phase:** También se puede denominar "Fase absoluta" o "Polaridad absoluta". El término también puede aplicarse a los micrófonos adyacentes y su necesidad de tener la misma polaridad entre sí, o de los altavoces adyacentes y su necesidad de tener la misma polaridad entre sí.

- **Interferencia constructiva:** La interacción de dos o más ondas de sonido idénticas que se apoyan o refuerzan entre sí. Lo contrario a la Interferencia destructiva.

- **Interferencia destructiva:** Se refiere a la interacción de dos o más ondas idénticas que no son compatibles, y que a menudo se cancelan o interfieren entre sí. Lo contrario a la "Interferencia constructiva".

- **Interferencia electromagnética:** Un tipo de interferencia audible causada por una gran corriente de energía que fluye a través de cables muy cerca de equipos o cables de audio.

- **Inverse Square Law:** Se refiere a cualquier condición física en la que la magnitud de una cantidad física sigue una relación inversa al cuadrado de la distancia. Las ondas de presión sonora siguen este esquema, y en un campo libre, duplicar la distancia da como resultado una disminución de 6dB.

- **Lóbulo:** Forma de la radiación de un altavoz o patrón de captación de un micrófono.

- **Main:** Sistema principal de altavoces.

- **Manguera:** Cable de señal singular o múltiple para señal de audio/electricidad.

- **Masking:** Véase enmascaramiento.

- **Maximum SPL:** El SPL máximo es una indicación del nivel de presión de sonido más alto que un micrófono/altavóz puede manejar antes de que se produzca una distorsión en los componentes electrónicos.

- **Microphonic:** Característica indeseable de ciertos componentes de audio en los que los componentes se vuelven sensibles a la vibración y traducen esa vibración en señales de audio.

- **Midrange Driver:** Componente de altavoz diseñado específicamente para generar frecuencias de rango medio (600Hz–4kHz), diseñado para complementar los woofers y tweeters dedicados.
- **MDI:** Infraestructura digital moderna.
- **Moving Coil:** Tipo de construcción de altavoz en el que una bobina conectada a un cono de altavoz de material similar al papel interactúa dentro del rango de un campo magnético. Para el volumen o nivel de voltaje de una señal.
- **Noise floor:** El ruido de fondo es la señal creada al sumar todas las señales no deseadas dentro de un sistema o sistema de medición.
- **Ohm (Ω)**: Unidad de un circuito eléctrico que se define como la resistencia eléctrica entre dos puntos de un conductor cuando una diferencia de potencial constante de un voltio.
- **Onda estacionaria:** Una onda estacionaria es aquella formada por la combinación de dos ondas que se mueven en direcciones opuestas, pero que tienen la misma frecuencia y amplitud. Una onda estacionaria solo se puede formar cuando el movimiento de una onda está restringido dentro de un espacio determinado y finito.
- **Patron Polar:** Gradiente de captación/radiación de un micrófono/altavoz.
- **Pasillo:** Zona donde no existe cobertura de SPL/radiación de sistema como pueden ser los Subs o la P.A.
- **Peak:** Valor máximo de una señal.
- **Pitch:** Véase la definición de timbre.
- **Plan@:** Véase "Flat".
- **"Pote":** De potenciómetro.
- **"Power Alley":** Referido a las bajas frecuencias, esto es el efecto causado por una larga cantidad de energía acústica ("zona caliente") de frecuencias graves, generada por la suma acústica del lado izquierdo y derecho de los subwoofers durante su uso. Debido a la suma y la cancelación (Comb Filter) se produce una línea central imaginaria (desde el escenario a FOH) desde el lado izquierdo al derecho de los subgraves.
- **Preset:** Ajuste o programa preestablecido.
- **Presbiacusia:** Incapacidad total o parcial para poder escuchar sonidos.
- **Pulpo:** Manguera de señal con varias conexiones, normalmente para realizar insertos de canal.
- **Q constante:** Término aplicado a las unidades de ecualizador gráfico y paramétrico. En ecualizadores con "Q constante" o "Ancho de banda constante", el ancho de banda permanece constante sin importar cuánto se aumente o corte la ganancia.

- **Rango dinámico:** El rango de amplitud entre el nivel más bajo y el nivel más alto que un dispositivo de audio puede capturar, producir o reproducir sin distorsión.

- **Respuesta en frecuencia:** La respuesta de frecuencia se define como el rango entre las frecuencias altas y bajas que un componente de un sistema de audio puede manejar, transmitir o recibir adecuadamente, dado un rango, como +/- 3dB.

- **Respuesta de transitorios:** La respuesta transitoria en equipos electrónicos es la capacidad de un dispositivo o componente electrónico para manejar y reproducir fielmente formas de onda repentinas llamadas transitorios.

- **Rolloff:** Referente a la acción de un tipo especifico de filtro, diseñado para reducir frecuencias por encima o por debajo de cierto punto.

- **Ruido de ambiente:** En el sonido atmosférico y la contaminación acústica, el nivel de ruido ambiental es el nivel de presión de sonido de fondo en una ubicación determinada.

- **Semitono:** Un semitono, también llamado medio tono, es el intervalo musical más pequeño comúnmente utilizado en la música tonal occidental.

- **Silbance:** Se refiere a los sonidos vocales "s", "sh" o "ch", los cuales residen en el rango frecuencial desde aproximadamente 5 a 10kHz.

- **Slave:** Referido a la modalidad de conexionado para la sincronía de un Word-clock.

- **Slew Rate:** Máxima razón de cambio de voltaje de salida del OP-OAMP. Parámetro el cual indica con cuanta rapidez varía el voltaje de salida respecto a las variaciones en el voltaje de entrada.

- **Slope:** En los filtros de audio, la pendiente se refiere a la rapidez con que el filtro atenúa las frecuencias una vez que se pasa la frecuencia de corte. La pendiente se da como una cifra de dB / octava. Por ejemplo, determina con qué precisión un EQ puede cortar o aumentar algunas frecuencias sin afectar a otras.

- **Slot:** Ranuras para diferentes tarjetas de ampliación de un sistema de mezclador.

- **Snake:** Manguera de canales, envíos auxiliares y salidas.

- **SPL:** Terminología del inglés "Sound pressure level". El nivel de presión sonora es el nivel de presión de un sonido, medido en decibelios (dB).

- **Subsonico:** En el audio, termino referido a frecuencias menores a 20Hz.

- **Subwoofer:** Un tipo de altavoz diseñado específicamente para reproducir sonidos de muy baja frecuencia, generalmente aquellos por debajo de 150 Hz.

- **Sub Patches:** Cajas de escenario las cuales permiten múltiples entradas en cualquier zona del escenario y luego transferirlas fácil y ordenadamente a la caja de escenario principal.

- **Supercardioide:** Un patrón de captación de micrófono caracterizado por una mayor sensibilidad en la parte frontal del micrófono y un mejor rechazo hacia las posiciones trasera izquierda y derecha.

- **Supersonico:** Onda que viaja más rápido que la velocidad del sonido.

- **Sweet Spot:** Referido a una disposición de altavoces estéreo para reproducción, este es la ubicación en la que el oyente es equidistante de cada altavoz y por tanto lo considerado como la posición óptima de escucha.

- **Treshold:** Básicamente este es valor/ punto donde un sistema de procesamiento empieza a actuar.

- **Throw:** Es la capacidad subjetiva de un sistema de altavoces para proyectar sonido articulado de calidad a distancia.

- **Timbre:** Terminología para definir las características sónicas de un equipo. En la música, posición concreta de un sonido o tono.

- **Time Allignement:** En un sistema de altavoces de múltiples transductores, es importante que el retraso de tiempo inherente en cada transductor y su red de cruce asociada sea el mismo para preservar una respuesta transitoria precisa.

- **Tiro:** Véase throw

- **Tono:** Véase timbre.

- **Tops:** En un sistema line array, terminología referida a los altavoces para la cobertura de los medios/agudos.

- **Transductor:** Un transductor se define como un dispositivo que convierte una señal de entrada en una señal de salida de una forma de energía diferente.

- **Transitorio:** Los cambios y la descomposición con el tiempo de las frecuencias de la fuente acústica o de sonido.

- **Trim:** Potenciómetro que se encuentra en la mayoría de las mesas de mezclas, a menudo etiquetado como "Ganancia", este dicta el nivel de ganancia en la etapa de preamplificador de un canal de entrada. Este opera de similar manera a la ganancia con la diferencia de que este lo hace una vez realizada la conversión de analógico a digital.

- **Troughs:** Interacción del Comb Filter.

- **Unity Gain:** Véase estructura de ganancia.

- **Valle:** Es la amplitud más baja de una forma de onda o señal.

- **VCA:** Circuito amplificador cuya ganancia está controlada por un voltaje externo, a diferencia de, por ejemplo, un potenciómetro.

- **Wedges:** Véase cuñas.

- **Voice Coil:** Véase bobina móvil.

- **Volar:** Acción de elevar la P.A